U0349291

流域农业面源污染
防控技术体系
与评价方法构建

杜章留　朱昌雄　主编

中国农业科学技术出版社

图书在版编目（CIP）数据

流域农业面源污染防控技术体系与评价方法构建／
杜章留，朱昌雄主编．--北京：中国农业科学技术出版
社，2021.11（2023.8重印）

　ISBN 978-7-5116-5577-6

　Ⅰ.①流… Ⅱ.①杜…②朱… Ⅲ.①巢湖流域-农
业污染源-面源污染-污染防治-研究②辽河流域-农业
污染源-面源污染-污染防治-研究 Ⅳ.①X501

中国版本图书馆CIP数据核字（2021）第224740号

责任编辑	申　艳
责任校对	李向荣
责任印制	姜义伟　王思文

出　版　者	中国农业科学技术出版社
	北京市中关村南大街12号　邮编：100081
电　　　话	（010）82106636（编辑室）　（010）82109702（发行部）
	（010）82109709（读者服务部）
传　　　真	（010）82106636
网　　　址	http：//www. castp. cn
经　销　者	各地新华书店
印　刷　者	北京建宏印刷有限公司
开　　　本	148 mm×210 mm　1/32
印　　　张	6.125
字　　　数	170千字
版　　　次	2021年11月第1版　2023年8月第2次印刷
定　　　价	58.00元

《流域农业面源污染防控技术体系与评价方法构建》
编 委 会

主　　编：杜章留　朱昌雄

副 主 编：（按姓氏笔画排序）

王泽林　王金强　张庆忠　张爱平

郑利杰　耿　兵　夏训峰

参编人员：（按姓氏笔画排序）

王一丁	王 芊	王 潇	王玉峰
王丽君	毛 欢	尹龙泉	卢禛祎
刘 翀	刘冬碧	江丽华	汤 婕
杨 岩	李仁杰	李红娜	李昊儒
李学德	李贵春	谷学佳	陈天河
范先鹏	尚洪磊	郝卫平	段晓洋
侯志研	娄翼来	顾金刚	钱 玲
徐 钰	高馨婷	黄宏坤	崔伟伟
董 智	韩 阳	韩永伟	熊向艳

前　　言

　　党的十九大报告明确提出，要大力推进生态文明建设，加快水污染防治，加强农业面源污染防治，实施乡村振兴战略。农业生产活动过程中养分的流失是导致农业面源污染的主要原因。随着农业化学投入品用量的增加，农业面源污染已成为世界普遍关注的问题。我国农业面源污染主要是由种植业、畜禽养殖业等一系列农业生产活动所造成的，其主要污染物为氮素、磷素、农药重金属、农村畜禽粪便与生活垃圾等有机或无机物质。

　　2020年6月，生态环境部发布的《第二次全国污染源普查公报》的数据显示，我国农业领域中的污染排放量与第一次污染普查相比呈明显下降趋势，但农业面源污染物的占比仍然很高，农业面源化学需氧量、总氮和总磷排放量分别占到全国排放量的50%、47%和67%左右。种植业与畜禽养殖排放量占到农业面源的90%以上。值得指出的是，尽管农业面源污染负荷在缓慢削减，但与第一次污染普查相比，它们对水体的污染贡献率不降反升。因此，必须清楚地认识到，当前面源污染防治形势依然严峻。在摸清各农业面源污染类型的基础上，需要系统分析化肥、农药、农膜、畜禽养殖废弃物和农村生活污染等治理的难点，加强农业面源污染防控技术实施效果的监测与评价。目前，种植业、畜禽养殖业和农村生活等仍然缺乏系统的治理技术体系。系统地提出流域农业面源污染防控整装技术，建立有效的治理模式，是实现流域水污染控制及水环境综合治理的重要技术需求。在新的形势下，要以推动科技进步和创新体制机制为重要抓手，全面推进农业面源污染防治工作，在乡村振兴战略大格局下有序实现农业高质量发展。

　　本书简要概述了我国三大平原（长江中下游平原、黄淮海平原和东北平原）农田面源污染氮磷流失特征，构建了农业清洁小流域建设指标体系，提出了流域面源污染防控技术评价方法，并搭建了流域农业面源污染防控技术评价平台。同时，本书还介绍了三维层次分析法的原理并对自主研发的种植业和养殖业面源防控整装技术进行了评价，完成了流域农业面源污染防控技术方案编制指南，在此基础上编制了巢湖流域农业面源污染防控技术方案。

　　本书受到国家水体污染控制与治理科技重大专项"流域农业面源污染防控整装技术与农业清洁流域示范"课题（2015ZX07103-007）的资助，可供农业面源污染、清洁生产、环境科学、流域管理等领域相关科技人员和高等院校师生参考。

　　由于时间有限，书中难免存在疏漏之处，敬请读者予以批评指正，以便后续修改完善。

编者

2021 年 5 月

目　　录

第一章　我国典型地区农田氮磷流失特征分析

1.1　研究背景及意义

建设生态文明是中华民族永续发展的千年大计。党的十九大报告明确提出，要大力推进生态文明建设，加快水污染防治，加强农业面源污染防治，实施乡村振兴战略。农业面源污染是当今世界各国环境污染治理中最棘手的难题之一。其污染物主要来自畜禽养殖、种植业生产及城乡接合部农村生活三大污染源，包括粪尿中的氮、磷、病原微生物等污染物的不合理排放，从农田通过水土流失、径流、淋溶等方式进入水体，最终导致环境污染（武淑霞等，2018）。据报道，在欧美等发达国家和地区，农业面源污染成为河流污染的首因，美国59%以上的河流受到了农业面源污染，欧洲农业氮污染占50%～70%（张维理等，2004）。在太湖地区，约58%的总氮和40%的总磷来自农业产生的面源污染（杨林章等，2013）。我国农业面源污染日益严重，对农业生态环境、水环境、农产品质量安全和人体健康造成严重威胁（朱兆良和孙波，2008；杨林章和吴永红，2018）。农业面源污染具有随机性强、污染物的排放点不固定、污染负荷的时间空间变化幅度大、发生具有相对滞后性、模糊性以及潜在性强等特点，这使得面源污染的监测、控制与管理更加困难与复杂（武淑霞等，2018；杨林章和吴永红，2018）。因此，加强对农业面源污染的管控具有重要的理论和现实意义。

根据生态环境部2020年发布的《第二次全国污染源普查公

报》显示，2017 年全国水污染指标排放量：化学需氧量（COD_{cr}）2 143.98 万 t，氨氮（NH_3-N）96.34 万 t，总氮（TN）304.14 万 t，总磷（TP）31.54 万 t；其中，农业源水污染指标排放量（含畜禽养殖业、水产养殖业与种植业）：COD_{cr} 1 067.13 万 t，NH_3-N 21.62 万 t，TN 141.49 万 t，TP 21.20 万 t，分别占地表水体污染总负荷的 49.8%、22.4%、46.5% 和 67.2%，已远远超过工业源与生活源，成为污染源之首。上述数据表明，农业面源污染负荷的削减幅度较小、速度较为缓慢，与第一次污染普查相比其对水体的污染贡献率不降反升。农业源占比如此之高，与我国传统种植业、养殖业、农村"高投入、高消耗、高排放、低效益"的粗放型发展模式紧密相关（展晓莹等，2020）。值得指出的是，全国七大流域（长江、黄河、珠江、松花江、淮河、海河、辽河）水污染物排放量：COD_{cr} 1 957.48 万 t，NH_3-N 85.64 万 t，TN 272.27 万 t，TP 28.49 万 t，分别占地表水体污染总负荷的 91.3%、88.9%、89.5% 和 90.3%。这些数据表明，我国重点流域水污染问题依然严峻。尽管全国地表水环境质量总体保持持续改善的势头，但从水生态环境保护的整体性来看，不平衡、不协调的问题依然突出（马乐宽等，2020）。2019 年全国地表水监测的 1 931 个水质断面（点位）中，劣 V 类的比例为 3.4%，主要集中在黄河、海河、辽河等地区，黄河、海河和辽河流域劣 V 类断面比例分别为 8.2%、7.0% 和 8.4%。党的十九大报告提出了 2035 年"生态环境根本好转，美丽中国目标基本实现"的奋斗目标，为未来一段时间水生态环境保护指明了方向。2018 年全国生态环境保护大会确立的习近平生态文明思想，为新时代推进生态文明建设、加强生态环境保护、打好污染防治攻坚战提供了方向指引和行动指南。加强重点流域水生态环境保护，特别对于长江、黄河两条母亲河，更是提升到了国家重大战略的高度。

综上所述，过去 10 年，我国面源污染治理虽取得一定成效，但农业面源的"贡献"仍居高不下。新时期农业面源污染治理面临巨大挑战。最近，展晓莹等（2020）结合国家农业绿色发展的重大需求，提出了以"生态循环、流域统筹"为核心的农业面源污染治理新思路。

1.2 我国三大平原区农田氮磷流失特征因子分析

本节选取长江中下游、黄淮海和东北平原这三大我国粮食主产区，围绕大田生产中较为常见的施用化肥、秸秆还田、缓/控释肥、有机肥4类施肥管理措施，开展了有关 N、P 流失文献的收集和数据提取工作。基于典型区域比较了不同作物、管理措施的单位产量污染负荷值的大小，通过逐步回归方法分析单位产量 N 负荷的影响因子，对不同区域、管理措施间的单位产量污染负荷差异进行了比较，进而指导制订区域尺度下农田管理措施，为我国农田面源污染防控政策提供技术支撑和理论依据。

1.2.1 数据提取与分类

在 CNKI、Science Direct、Web of Science 等数据库中就"N、P流失""淋溶""渗漏""径流""面源污染""化肥""缓/控释肥""有机肥""秸秆还田"等关键词开展搜索。研究区域限定于三大平原区，共涉及 15 个省市区，其中：黄淮海平原主要涉及北京、天津、河北、山东、河南 5 省市；长江中下游平原主要涉及上海、江苏、浙江、安徽、江西、湖南、湖北 7 省市；东北平原主要涉及辽宁、吉林、黑龙江 3 省。作物限定为小麦、水稻、玉米三大作物，共收集到 1995—2016 年发表的 200 余篇文献。其中：超过1/3 的文献集中在长江下游地区的江苏、上海、浙江 3 省市，东北平原地区 3 省的文献仅占 1/10 左右。收集的指标包括：N 肥施用量（kg·hm^{-2}）、P 肥施用量（kg·hm^{-2}）、土壤容重（g·cm^{-3}）、导水率（mm·d^{-1}）、砂粒含量（%）、粉粒含量（%）、黏粒含量（%）、土壤 TN（g·kg^{-1}）、TP（g·kg^{-1}）、碱解 N（mg·kg^{-1}）、有效 P（mg·kg^{-1}）、降水量（mm）、灌溉量（mm）、作物产量（t·hm^{-2}）等。无法从文献图中直接获取的数据采用 Engauge Digitizer 软件进行提取。

三大平原区 P 流失主要为 TP，东北平原和黄淮海平原的 N 流失以硝态 N 为主，长江中下游平原区 N 流失主要为 TN。N、P 流失的形式主要是径流和渗漏。其中：P 流失以径流为主，黄淮海平原 N 流失以渗漏为主，而长江中下游平原与东北平原 N 流失包括渗漏与径流两种形式。单位籽粒产量的 N、P 流失负荷指标（kg·Mg^{-1}），即每生产 1 t 籽粒所产生的 N、P 流失量的千克数，可用以统筹考虑不同管理措施下的产量与流失量的综合影响。该指标值越大，表明综合效益较低；反之，则综合效益较高。

1.2.2 统计分析方法

利用 SPSS 13.0 软件采用逐步回归方法构建多元回归模型。逐步回归是逐步引进法和逐步剔除方法的综合，引入对方差贡献显著的影响因子，同时剔除对方差贡献不显著的因子。基于逐步回归计算过程中各步的方差，通过差值计算得到各影响因子的方差，进而通过与模型总方差相比得出各自的权重值。选取模型自变量主要依据宏观和微观两类因子。其中，宏观因子包括灌溉、降水等外部动力的影响，以及施肥量、土壤含 N 量所表征的物质基础。微观因子主要是土壤质地。具体到回归模型的构建，又同时考虑到各因子的数据齐全性，优先选择数据齐全度较高的因子。由于涉及有机肥施用及 P 流失的文献相对较少，本节未对其开展建模分析。

1.3 结果与分析

1.3.1 三大平原氮肥管理及损失比较分析

基于文献所提取到的单季作物肥料施用量数据显示，黄淮海平原肥料 N 投入水平显著高于东北平原区和长江中下游平原区, 而长江中下游平原区肥料 N 投入又显著高于东北平原区 (图 1-1)。长江中下游平原肥料 N 投入范围为 $0 \sim 639$ kg·hm^{-2}, 中位数为 184 kg·hm^{-2}, 平均值为 178 kg·hm^{-2}。黄淮海平原区肥料 N 投入的变化范围较大, 为 $0 \sim 800$ kg·hm^{-2}, 中位数为 200 kg·hm^{-2}, 平均值为 195 kg·hm^{-2}。东北平原区的肥料 N 投入的变化范围为 $0 \sim 460$ kg·hm^{-2}, 中位数为 150 kg·hm^{-2}, 平均值为 143 kg·hm^{-2}。

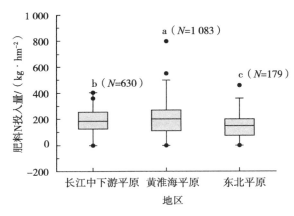

图 1-1 我国三大平原区单季作物肥料 N 投入量分布

东北平原区单季作物产量显著高于华北平原区和长江中下游平原区 (图 1-2)。其中, 长江中下游平原区主要以小麦-水稻轮作或双季稻为主, 其产量的变化范围为 $0.67 \sim 16.63$ t·hm^{-2}, 中位数为 6.91 t·hm^{-2}, 平均值为 6.87 t·hm^{-2}。黄淮海平原主要以小麦-玉米一年两熟种植制度为主, 该区产量的变化范围为 $0.36 \sim 16.2$ t·hm^{-2}, 中位数为 6.81 t·hm^{-2}, 平均值为 6.92 t·hm^{-2}。而东北平原区主要以玉米和水稻为主, 产量变化范围为 $2.17 \sim 15.4$ t·hm^{-2}, 中位数为 9.14 t·hm^{-2}, 平均值为 8.91 t·hm^{-2}。

黄淮海平原 N 渗漏量显著高于东北地区和长江中下游地区, 而东北和长江中下游地区的 N 渗漏量无显著差异 (图 1-3)。长江中下

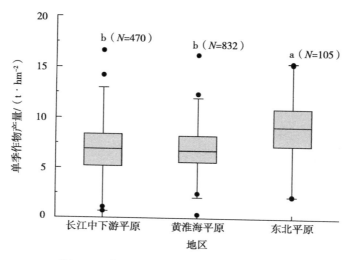

图 1-2 我国三大平原区单季作物产量分布

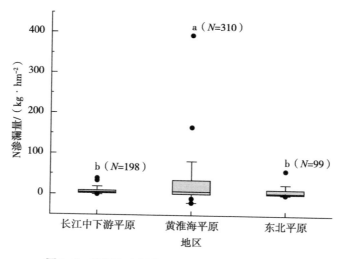

图 1-3 我国三大平原区单季作物 N 渗漏量分布

游平原单季作物N渗漏量变化范围为−0.11~39.2 kg·hm^{-2}，中位数为 4.93 kg·hm^{-2}，平均值为6.95 kg·hm^{-2}。黄淮海平原单季作物 N 渗漏量的变化范围为−20~394 kg·hm^{-2}，中位数为 7.90 kg·hm^{-2}，平均值为 24.24 kg·hm^{-2}。东北平原的 N 渗漏量的变化范围为 0.17~59.50 kg·hm^{-2}，中位数为 4.63 kg·hm^{-2}，平均值为 10.73 kg·hm^{-2}。

黄淮海平原单位产量 N 渗漏量水平显著高于东北平原和长江中下游平原，东北和长江中下游平原之间无显著差异（图1-4）。长江中下游平原的变化范围为 −0.02~4.34 kg·Mg^{-1}，中位数为 0.61 kg·Mg^{-1}，平均值为 0.79 kg·Mg^{-1}。黄淮海平原的变化范围为 −4.21~69.81 kg·Mg^{-1}，中位数为 0.75 kg·Mg^{-1}，平均值为 3.99 kg·Mg^{-1}。东北平原的变化范围为 0.22~6.58 kg·Mg^{-1}，中位数为 1.26 kg·Mg^{-1}，平均值为 2.27 kg·Mg^{-1}。

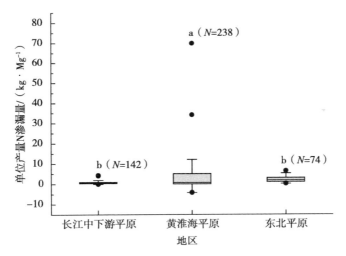

图1-4　我国三大平原区单位产量 N 渗漏量分布

1.3.2 不同地区肥料管理及损失比较分析

1.3.2.1 长江中下游平原不同施肥及管理措施间的比较

在长江中下游平原，单施化肥、施用有机肥、秸秆还田、施用缓/控释肥的 N 周年投入量之间无显著差异（图 1-5）。对于肥料 N 周年投入量中位数而言，与四者相对应的数据分别为 440 kg·hm^{-2}、242 kg·hm^{-2}、416 kg·hm^{-2}和 193 kg·hm^{-2}。对于平均值，四者数据分别为 346 kg·hm^{-2}、242 kg·hm^{-2}、436 kg·hm^{-2}和 160 kg·hm^{-2}。对于最高值，四者数据分别为 550 kg·hm^{-2}、483 kg·hm^{-2}、495 kg·hm^{-2}和 300 kg·hm^{-2}。

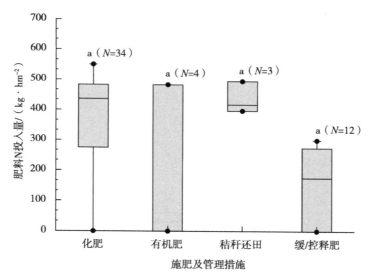

图 1-5 长江中下游平原不同施肥及管理措施下的肥料 N 年投入量

长江中下游平原以稻-麦或稻-稻一年两熟制为主。秸秆还田、施用化肥、施用缓/控释肥三者的周年产量之间无显著差异，秸秆还田的周年产量显著高于施用有机肥（图 1-6）。对于单施化肥、施用有机肥、秸秆还田、施用缓/控释肥的周年产量的中位数而言，与四者对应的数据分别为 12.27 t·hm^{-2}、8.22 t·hm^{-2}、14.88 t·hm^{-2} 和 11.61 t·hm^{-2}。对于平均值，四者数据分别为 11.96 t·hm^{-2}、8.78 t·hm^{-2}、14.93 t·hm^{-2} 和 11.33 t·hm^{-2}。对于最高值，四者数据分别为 17.15 t·hm^{-2}、13.08 t·hm^{-2}、15.95 t·hm^{-2} 和 14.93 t·hm^{-2}。

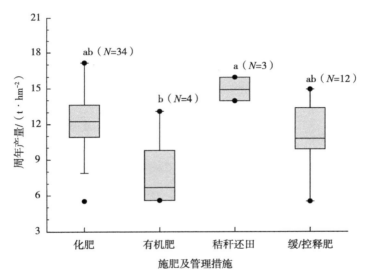

图 1-6　长江中下游平原不同施肥及管理措施下的周年产量

秸秆还田条件下，单季作物 N 径流量显著高于单施化肥、施用有机肥和缓/控释肥，结合之前对图 1-5 的分析，秸秆还田处理的 N 施入量较高，加剧了 N 径流损失。单施化肥、施用有机肥和施用缓/控释肥之间无显著差异，但施用缓/控释肥最低，不足单施化肥的一半（图 1-7）。对于中位数而言，与单施化肥、施用有机肥、秸秆还田、施用缓/控释肥条件相对应的单季 N 径流量分别为 8.21 kg·hm^{-2}、9.41 kg·hm^{-2}、17.00 kg·hm^{-2} 和 4.07 kg·hm^{-2}。对于平均值，四者数据分别为 12.50 kg·hm^{-2}、12.30 kg·hm^{-2}、23.60 kg·hm^{-2} 和

5.58 kg·hm^{-2}。对于最高值，四者数据分别为 68.93 kg·hm^{-2}、37.60 kg·hm^{-2}、74.70 kg·hm^{-2}和23.91 kg·hm^{-2}。

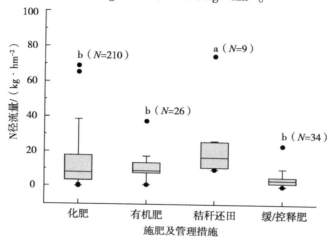

图 1-7　长江中下游平原不同施肥及管理措施下的 N 径流量

单施化肥、施用有机肥、秸秆还田等措施间单位产量的 N 径流量之间无显著差异，单施化肥显著高于施用缓/控释肥（图 1-8）。对于单位产量的 N 径流量中位数而言，与四者对应的数据分别为 1.44 kg·Mg^{-1}、1.66 kg·Mg^{-1}、2.10 kg·Mg^{-1}和0.71 kg·Mg^{-1}。对于平均值，四者数据分别为 2.53 kg·Mg^{-1}、2.49 kg·Mg^{-1}、4.40 kg·Mg^{-1}和1.35 kg·Mg^{-1}。对于最高值，四者数据分别为 13.31 kg·Mg^{-1}、7.58 kg·Mg^{-1}、12.57 kg·Mg^{-1}和5.64 kg·Mg^{-1}。

单施化肥、施用有机肥、秸秆还田、施用缓/控释肥的单季 N 渗漏量之间无显著差异（图 1-9）。对于 N 渗漏量的中位数而言，与四者对应的数据分别为 4.82 kg·hm^{-2}、3.99 kg·hm^{-2}、5.93 kg·hm^{-2}和2.47 kg·hm^{-2}。对于平均值，四者分别为 7.02 kg·hm^{-2}、3.89 kg·hm^{-2}、7.14 kg·hm^{-2}和3.56 kg·hm^{-2}。对于最高值，四者分别为 39.80 kg·hm^{-2}、7.74 kg·hm^{-2}、24.76 kg·hm^{-2}和12.40 kg·hm^{-2}。

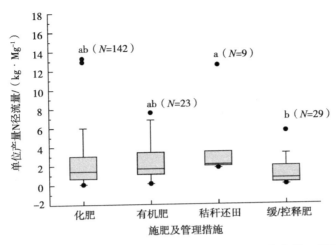

图1-8 长江中下游平原不同施肥及管理措施下的单位产量N径流量

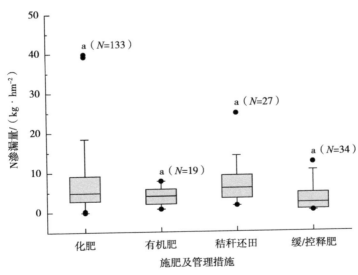

图1-9 长江中下游平原不同施肥及管理措施下的N渗漏量

长江中下游平原单施化肥、施用有机肥、秸秆还田、施用缓/控释肥的单位产量 N 渗漏损失量之间差异不显著（图 1-10）。对于单位产量的 N 渗漏量中位数而言，与施用化肥、有机肥、秸秆还田、施用缓/控释肥条件相对应的数据分别为 0.68 kg·Mg^{-1}、0.50 kg·Mg^{-1}、0.51 kg·Mg^{-1} 和 0.37 kg·Mg^{-1}。对于平均值而言，与四者相对应的数据分别为 0.94 kg·Mg^{-1}、0.47 kg·Mg^{-1}、0.49 kg·Mg^{-1} 和 0.54 kg·Mg^{-1}。对于 N 渗漏量最高值而言，与四者相对应的数据分别为 4.34 kg·Mg^{-1}、0.82 kg·Mg^{-1}、0.82 kg·Mg^{-1} 和 1.69 kg·Mg^{-1}。

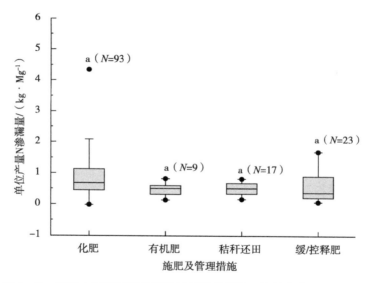

图 1-10　长江中下游平原不同施肥及管理措施下的单位产量 N 渗漏量

我国长江中下游平原单季作物化肥 P_2O_5 投入量变化范围为 0~464 kg·hm^{-2}，中位数为 67.5 kg·hm^{-2}，平均值为 68.5 kg·hm^{-2}。P 径流损失量的变化范围为 0.03~7.87 kg·hm^{-2}，中位数 0.39 kg·hm^{-2}，平均值为 0.83 kg·hm^{-2}。P 渗漏损失量的变化范

围为 0.006~1.980 kg·hm^{-2}，中位数 0.130 kg·hm^{-2}，平均值为 0.302 kg·hm^{-2}。单位产量 P 径流量变化范围为 0.006~2.36 kg·Mg^{-1}，中位数 0.052 kg·Mg^{-1}，平均值 0.139 kg·Mg^{-1}。单位产量 P 渗漏量变化范围为 0.003~0.080 kg·Mg^{-1}，中位数为 0.018 kg·Mg^{-1}，平均值为 0.028 kg·Mg^{-1}（图 1-11）。

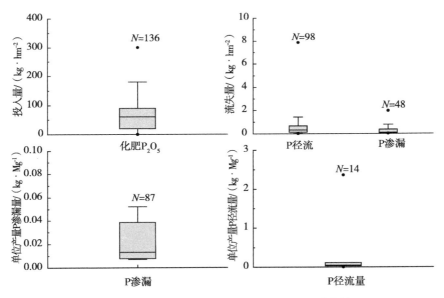

图 1-11　长江中下游平原化肥 P$_2$O$_5$ 投入及 P 流失情况

长江中下游平原单施化肥、施用有机肥、秸秆还田、施用缓/控释肥单季作物的 P 径流量无显著差异（图 1-12）。对单季 P 径流损失量的中位数而言，与四者对应的数据分别为 0.33 kg·hm^{-2}、0.38 kg·hm^{-2}、0.50 kg·hm^{-2} 和 0.10 kg·hm^{-2}。对于平均值而言，与四者相对应的数据分别为 0.83 kg·hm^{-2}、0.65 kg·hm^{-2}、0.81 kg·hm^{-2} 和 0.59 kg·hm^{-2}。对于最高值而言，与四者相对应的数据分别为 7.87 kg·hm^{-2}、3.00 kg·hm^{-2}、2.58 kg·hm^{-2} 和 3.57 kg·hm^{-2}。

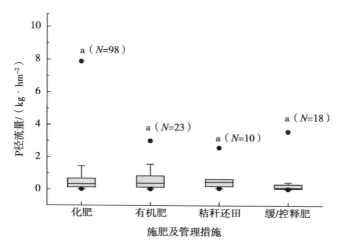

图 1-12　长江中下游平原不同施肥及管理措施下的 P 径流量

长江中下游平原单施化肥、施用有机肥、秸秆还田、施用缓/控释肥之间的单位产量 P 径流量无显著差异（图 1-13）。对于单

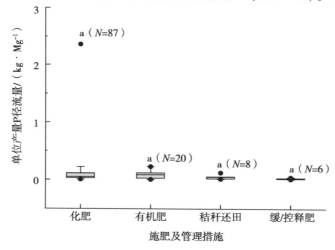

图 1-13　长江中下游平原不同施肥及管理措施下的单位产量 P 径流量

位产量P径流量中位数而言,与单施化肥、施用有机肥、秸秆还田、施用缓/控释肥相对应的数据分别为 0.049 kg·Mg^{-1}、0.089 kg·Mg^{-1}和0.049 kg·Mg^{-1}和0.020 kg·Mg^{-1}。对于平均值而言,与四者相对应的数据分别为 0.158 kg·Mg^{-1}、0.091 kg·Mg^{-1}和0.056 kg·Mg^{-1}和0.023 kg·Mg^{-1}。对于 P 径流损失量最高值而言,与四者相对应的数据分别为 2.36 kg·Mg^{-1}、0.22 kg·Mg^{-1}和0.12 kg·Mg^{-1}和0.04 kg·Mg^{-1}。

1.3.2.2 黄淮海平原不同施肥及管理措施间的比较

黄淮海平原单施化肥、施用有机肥、秸秆还田和施用缓/控释肥等措施间的肥料 N 周年投入量无显著差异(图 1-14)。对于肥料 N 周年投入量中位数而言,与四者对应的数据分别为 400 kg·hm^{-2}、329 kg·hm^{-2}、495 kg·hm^{-2}和250 kg·hm^{-2}。对于平均值而言,与四者相对应的数据分别为 398 kg·hm^{-2}、

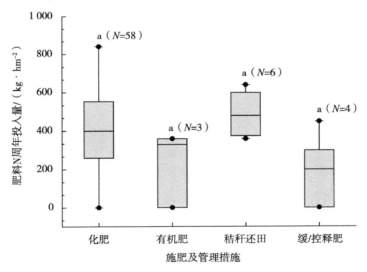

图1-14 黄淮海平原不同施肥及管理措施下的肥料 N 周年投入量

230 kg·hm^{-2}、494 kg·hm^{-2}和238 kg·hm^{-2}。对于最高值而言，与四者相对应的数据分别为 840 kg·hm^{-2}、360 kg·hm^{-2}、640 kg·hm^{-2}和450 kg·hm^{-2}。

黄淮海平原单施化肥、施用有机肥和秸秆还田等措施间的周年产量无显著差异，施用有机肥和施用缓/控释肥的周年产量无显著差异。以秸秆还田条件周年产量最高，缓/控释肥周年产量最低，两者之间差异显著（图1-15）。在小麦-玉米一年两熟制下，对于周年产量的中位数而言，与四者对应的数据分别为 13.68 t·hm^{-2}、12.65 t·hm^{-2}、16.86 t·hm^{-2}和9.56 t·hm^{-2}。对于平均值而言，与四者相对应的数据分别为 13.54 t·hm^{-2}、11.61 t·hm^{-2}、17.02 t·hm^{-2}和7.74 t·hm^{-2}。对于最高值而言，与四者相对应的数据分别为 23.60 t·hm^{-2}、15.45 t·hm^{-2}、18.99 t·hm^{-2}和10.25 t·hm^{-2}。

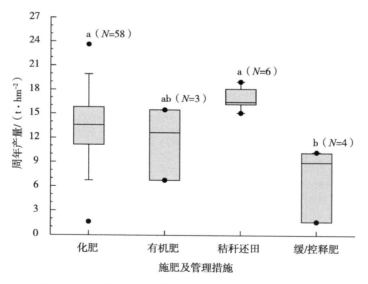

图1-15　黄淮海平原不同施肥及管理措施下的周年产量

　　黄淮海平原秸秆还田与施用有机肥、施用缓/控释肥之间的 N 渗漏量差异显著，单施化肥和秸秆还田之间无显著差异，施用有机肥和施用缓/控释肥之间无显著差异（图 1-16）。对于 N 渗漏量中位数而言，与单施化肥、施用有机肥、秸秆还田和施用缓/控释肥相对应的数据分别为 6.80 kg·hm^{-2}、3.62 kg·hm^{-2}、41.90 kg·hm^{-2} 和 0.00 kg·hm^{-2}。对于平均值而言，与四者相对应的数据分别为 23.5 kg·hm^{-2}、6.4 kg·hm^{-2}、37.9 kg·hm^{-2} 和 5.1 kg·hm^{-2}。对于最高值而言，与四者相对应的数据分别为 394.1 kg·hm^{-2}、67.7 kg·hm^{-2}、59.9 kg·hm^{-2} 和 35.9 kg·hm^{-2}。

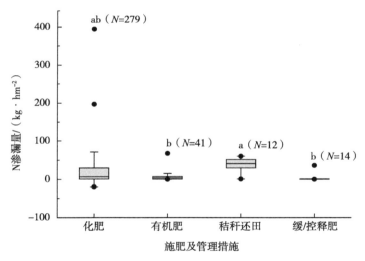

图 1-16　黄淮海平原不同施肥及管理措施下的 N 渗漏量

　　黄淮海平原单施化肥、施用有机肥、秸秆还田、施用缓/控释肥的单位产量 N 渗漏量无显著差异（图 1-17）。对于单位产量 N 渗漏量的中位数而言，与四者相对应的数据分别为 0.91 kg·Mg^{-1}、0.41 kg·Mg^{-1}、4.90 kg·Mg^{-1} 和 0.00 kg·Mg^{-1}。对于平均值而言，与四者相对应的数据分别为 4.39 kg·Mg^{-1}、1.03 kg·Mg^{-1}、

4.11 kg · Mg⁻¹和0.91 kg · Mg⁻¹。对于最高值而言，与四者相对应
的数据分别为69.81 kg · Mg⁻¹、8.29 kg · Mg⁻¹、6.57 kg · Mg⁻¹和
5.48 kg · Mg⁻¹。

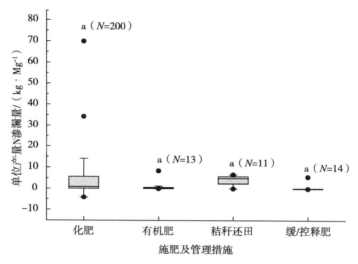

图1-17 黄淮海平原不同施肥及管理措施下的单位产量 N 渗漏量

1.3.2.3 东北平原不同施肥及管理措施间的比较

东北平原单施化肥和施用缓/控释肥两措施间的肥料 N 周年投
入量差异显著（图1-18）。对肥料 N 投入量的中位数而言，与单
施化肥、施用缓/控释肥相对应的数据分别为 174 kg · hm⁻²和
78 kg · hm⁻²。对于平均值而言，与两者相对应的数据分别为
149 kg · hm⁻²和78 kg · hm⁻²。对于最高值而言，与两者相对应的
数据分别为330 kg · hm⁻²和156 kg · hm⁻²。

东北平原单施化肥和施用缓/控释肥之间的周年产量无显著差异
（图1-19）。对于周年产量的中位数而言，与单施化肥、施用缓/控释
肥相对应的数据分别为9.83 t · hm⁻²和8.07 t · hm⁻²。对于平均值而言，

与两者相对应的数据分别为 8.81 t·hm^{-2} 和 8.13 t·hm^{-2}。对于最高值而言，与两者相对应的数据分别为 13.67 t·hm^{-2} 和 13.51 t·hm^{-2}。

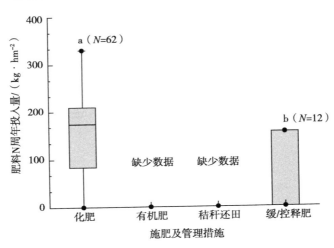

图 1-18　东北平原不同施肥及管理措施下的肥料 N 投入量

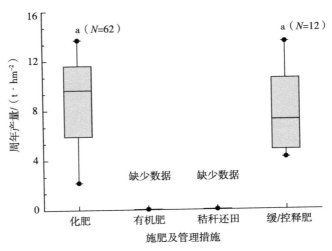

图 1-19　东北平原不同施肥及管理措施下的周年产量

东北平原单施化肥和施用缓/控释肥的 N 渗漏量显著高于施用有机肥（$P<0.05$），单施化肥和施用缓/控释肥之间无显著差异（图 1-20）。对于 N 渗漏量的中位数而言，与单施化肥、施用有机肥、施用缓/控释肥相对应的数据分别为 10.52 kg·hm^{-2}、2.90 kg·hm^{-2} 和 13.45 kg·hm^{-2}。对于平均值而言，与三者相对应的数据分别为 15.99 kg·hm^{-2}、4.74 kg·hm^{-2} 和 13.68 kg·hm^{-2}。对于最高值而言，与三者相对应的数据分别为 63.40 kg·hm^{-2}、23.83 kg·hm^{-2} 和 31.10 kg·hm^{-2}。

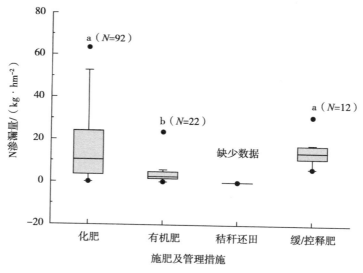

图 1-20　东北平原不同施肥及管理措施下的 N 渗漏量

东北平原单施化肥和施用缓/控释肥之间无显著差异（图 1-21）。对于单位产量 N 渗漏量的中位数而言，与单施化肥、施用缓/控释肥条件相对应的数据分别为 2.00 kg·Mg^{-1} 和 1.93 kg·Mg^{-1}。对于平均值而言，与两者相对应的数据分别为 2.29 kg·Mg^{-1} 和 2.16 kg·Mg^{-1}。对于最高值而言，与两者相对应的数据分别为 6.58 kg·Mg^{-1} 和 4.03 kg·Mg^{-1}。

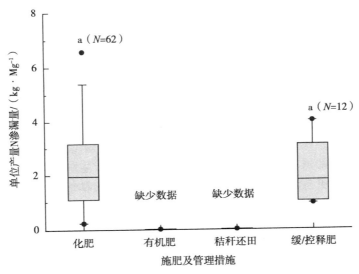

图 1-21　东北平原不同施肥及管理措施下的单位产量 N 渗漏量

1.4　不同管理措施下氮素流失因子分析

1.4.1　单施化肥

在长江中下游平原（表 1-1），水稻单位产量 N 径流、渗漏负荷均值分别为 3.07 kg · Mg^{-1}、0.89 kg · Mg^{-1}，相应的回归模型分别达到了显著、极显著水平。模型的影响因子分别为施用 P_2O_5 量、土壤 TN，权重值分别为 0.150、0.482。降水量因子与 2 个因变量间的相关系数分别为 0.235、-0.221，均未达到显著水平（$P > 0.05$）。就 N 径流模型而言，对应的区域存在着较大的灌溉和施用微肥管理差异。NO_3^--N 带负电荷，随着耕层土壤 TN 含量的增加会导致 NO_3^--N 的渗漏量增加。单位产量 N 径流负荷与施 P_2O_5 量呈显著正相关，这与区域间的施肥管理方式差别较大有关，且施 P_2O_5 量与 N 径流量和籽粒产量分别呈正相关和负相关，但均未达到显著水平。这说明增加施 P_2O_5 量一方面可能通过促进植物根系生长和土壤 N 的矿化，增加了 N 径流量，另一方面施 P_2O_5 量过高也会造成土壤微量元素的亏缺而影响作物产量，综合使得施 P_2O_5 量成为显著影响因子。小麦的单位产量 N 径流负荷均值为 4.35 kg·Mg^{-1}，所建模型达到极显著水平（$P<0.01$），主要受土壤砂粒、粉粒和降水量影响，权重值分别为 0.74、0.13、0.06。模型数据涉及地区包括江苏常州、宜兴和上海嘉定等地。小麦季发生降水时，较高的砂粒含量更易促进土壤亚表层水分经排水口流入排水沟，可增加土壤亚表层中 N 的径流损失。小麦单位产量 N 渗漏负荷模型未达显著水平（$P>0.05$），其均值为 2.26 kg·Mg^{-1}。

表 1-1　长江中下游平原单施化肥的单位产量 N 负荷模型

作物	因变量 (kg·Mg^{-1})	常数项及自变量					显著性	样本量
		常数项	TN 含量/ (g·kg^{-1})	砂粒/%	粉粒/%	降水量/mm	施 P_2O_5 量/ (kg·hm^{-2})		
水稻	N 径流 (3.07, 2.45)	1.760	—				0.012 (0.15)	0.032	30
	N 渗漏 (0.89, 0.55)	0.329	0.345 (0.48)					0.001	18
小麦	N 径流 (4.35, 3.89)	-17.030	—	2.870 (0.74)	-0.094 (0.13)	0.023 (0.06)	—	0.001	12

注：表中第 2 列各类因变量括号中的 2 个数字分别为平均值和标准差。第 3~7 列自变量回归系数后的括号中的数字为权重。"—"代表该自变量未入选模型。下同。

小麦单位产量 N 径流负荷受降水因子的影响较大，而水稻受其影响较小，这可能与水分管理措施差异有关，小麦季仅靠降水补给水分，而稻季采用了泡田、晒田等灌溉措施，减弱了降水对稻季 N 流失的影响。3 个模型中均不包含施 N 量因子，表明其对 N 流失和产量的同步性较强，彼此间作用抵消而使得其他的土壤、水分供给等因子的影响加大。

在黄淮海平原（表1-2），单施化肥条件下小麦、玉米的单位产量 N 渗漏负荷分别为 4.88 kg·Mg^{-1}、4.55 kg·Mg^{-1}，对应模型均达到极显著水平。所选数据主要涉及北京昌平、河北石家庄、河北曲周等地，施肥管理方式相近。小麦按播种、起身、拔节、穗期灌溉 2~4 次，施肥按底肥、拔节肥施用 2 次。玉米按出苗期和拔节期灌溉 1~2 次，施肥按底肥、追肥施用 1~2 次。小麦单位产量 N 渗漏负荷与施 N 量、土壤砂粒含量均呈正相关，玉米 N 渗漏负荷值则与施 N 量、TN 含量呈正相关。小麦、玉米模型中权重值较高的因子分别是施 N 量、TN 含量，分别为 0.50 和 0.22。虽然灌溉与降水量因子未入选模型，但是其与玉米单位产量 N 渗漏量呈显著正相关（$P<0.05$），表明了小麦与玉米季的不同降水分布特点。小麦季的灌溉降水量之和变幅较小，均值和标准差分别为393 mm、59 mm；而在玉米季，降水期较集中且降水量变幅较大，水分供应以降水为主，均值和标准差分别为 367 mm、128 mm，降水对于产量和渗漏量的作用相同而相互抵消。

表1-2 黄淮海平原单施化肥的单位产量 N 负荷模型

作物	因变量/ （kg·Mg^{-1}）	常数项及自变量				显著性	样本量
		常数项	施 N 量/ （kg·hm^{-2}）	TN 含量/ （g·kg^{-1}）	砂粒/%		
小麦	N 渗漏 （4.88，7.60）	−21.350	0.056 （0.50）	—	0.570 （0.29）	0.001	20
玉米	N 渗漏 （4.55，5.43）	−7.140	0.019 （0.15）	8.050 （0.22）	—	0.001	37

在东北平原（表1-3），玉米、水稻的单位产量 N 渗漏负荷均值分别为 2.98 kg·Mg^{-1}、1.59 kg·Mg^{-1}，模型分别达到显著、极显著水平。玉米单位产量 N 渗漏负荷模型主要涉及吉林和黑龙江等地，施肥方式多为底肥，无灌溉，玉米生长季降水量为 280~

608 mm。水稻模型则是基于黑龙江齐齐哈尔市的试验。玉米单位产量 N 渗漏负荷与降水量呈负相关，与化肥 N 施用量呈正相关，降水量的权重值高于施 N 量，两者分别为 0.33、0.20。水稻单位产量 N 渗漏负荷与灌溉降水之和、施 N 量均呈正相关。灌溉降水之和是主要的影响因子，权重值为 0.80。降水量与玉米单位产量 N 渗漏负荷呈负相关，表明在降水作为唯一水分来源和范围内时，降水强烈促进了玉米对土壤 N 素的吸收，减少了 N 渗漏损失风险。而灌溉、降水量对水稻 N 渗漏量的促进超过了对产量的影响，因此该因子入选水稻单位产量 N 渗漏负荷模型。玉米单位产量 N 径流负荷模型未达到显著水平（$P > 0.05$，$N = 18$），其均值为 1.04 kg · Mg^{-1}。

表 1-3　东北平原单施化肥的单位产量 N 负荷模型

作物	因变量/（kg · Mg^{-1}）	常数项及自变量				显著性	样本量
		常数项	施 N 量/（kg · hm^{-2}）	灌溉降水之和/mm	降水量/mm		
玉米	N 渗漏（2.98, 1.43）	4.924	0.005（0.20）	—	-0.006（0.33）	0.01	21
水稻	N 渗漏（1.59, 0.81）	-4.543	0.031（0.15）	0.003（0.80）	—	0.001	15

1.4.2　施用缓/控释肥

长江中下游平原施用缓/控释肥条件下，水稻单位产量 N 渗漏负荷均值为 0.77 kg · Mg^{-1}，模型的影响因子仅为土壤 TN 含量，模型达到极显著水平，且单位产量 N 渗漏负荷与土壤 TN 含量呈正相关（表 1-4）。试验数据源于江苏常熟和浙江杭州，施肥方式均为底施，灌溉方式存在连续灌溉和节水灌溉两种方式。

表 1-4 长江中下游平原施用缓/控释肥的单位产量 N 负荷模型

作物	因变量/ (kg · Mg^{-1})	常数项及自变量			显著性	样本量
		常数项	施 N 量/ (kg · hm^{-2})	TN 含量/ (g · kg^{-1})		
水稻	N 渗漏 (0.77, 0.53)	−0.651	—	0.542 (0.80)	0.001	12

1.4.3 秸秆还田

在秸秆还田条件下，黄淮海平原的玉米 N 渗漏负荷均值为 3.38 kg · Mg^{-1}，模型仅含施 N 量因子，达到极显著水平（表 1-5）。模型数据源于河北清苑、栾城与山东南四湖地区，施肥方式为按底肥、大喇叭口期、吐丝期施肥 1~3 次。小麦 N 渗漏负荷的数据样本量低于 10，未建立模型，其均值为 3.56 kg · Mg^{-1}。

表 1-5 黄淮海平原秸秆还田的单位产量 N 负荷模型

作物	因变量/ (kg · Mg^{-1})	常数项及自变量		显著性	样本量
		常数项	施 N 量/ (kg · hm^{-2})		
玉米	N 渗漏 (3.38, 3.51)	−1.340	0.029 (0.66)	0.001	19

1.5 农田氮素流失小结

通过对文献资料数据的统计，我国三大平原区的肥料 N 施用水平按由高到低的顺序依次为黄淮海平原、长江中下游平原、东北平原，平均值分别为 195 kg · hm^{-2}、178 kg · hm^{-2}、143 kg · hm^{-2}。单季粮食作物产量按由高到低的顺序依次为东北平原、黄淮海平原、长江中下游平原，平均值分别为 8.91 t · hm^{-2}、6.92 kg · hm^{-2}、

$6.87 \text{ t} \cdot \text{hm}^{-2}$。单位产量 N 渗漏量按由高至低的顺序依次为黄淮海平原、东北平原、长江中下游平原，平均值分别为 $3.99 \text{ kg} \cdot \text{Mg}^{-1}$、$2.27 \text{ kg} \cdot \text{Mg}^{-1}$、$0.79 \text{ kg} \cdot \text{Mg}^{-1}$。对于单位产量 N 渗漏量而言，黄淮海平原单位产量 N 渗漏量水平显著高于东北平原和长江中下游平原（$P<0.05$），而东北平原和长江中下游平原的单位产量 N 渗漏量无显著差异。P 的淋失主要发生在长江中下游平原，单位产量 P 径流量、单位产量 P 渗漏量的平均值分别为 $0.139 \text{ kg} \cdot \text{Mg}^{-1}$ 和 $0.028 \text{ kg} \cdot \text{Mg}^{-1}$。

对于长江中下游平原的单位产量 N 径流量而言，秸秆还田、单施化肥、施用有机肥均显著高于施用缓/控释肥，四者大小分别为 $4.40 \text{ kg} \cdot \text{Mg}^{-1}$、$2.53 \text{ kg} \cdot \text{Mg}^{-1}$、$2.49 \text{ kg} \cdot \text{Mg}^{-1}$ 和 $1.35 \text{ kg} \cdot \text{Mg}^{-1}$。对于单位产量 P 径流量而言，单施化肥、施用有机肥、秸秆还田和施用缓/控释肥之间无显著差别，四者大小分别为 0.158 kg Mg^{-1}、$0.091 \text{ kg} \cdot \text{Mg}^{-1}$、$0.056 \text{ kg} \cdot \text{Mg}^{-1}$ 和 $0.023 \text{ kg} \cdot \text{Mg}^{-1}$。对于单位产量 N 渗漏量而言，东北平原和长江中下游平原各施肥管理措施之间没有显著差别。其中，长江中下游平原单施化肥、施用有机肥、秸秆还田和施用缓/控释肥下的数值大小分别为 $0.94 \text{ kg} \cdot \text{Mg}^{-1}$、$0.47 \text{ kg} \cdot \text{Mg}^{-1}$、$0.49 \text{ kg} \cdot \text{Mg}^{-1}$ 和 $0.54 \text{ kg} \cdot \text{Mg}^{-1}$。黄淮海平原四者分别为 $4.39 \text{ kg} \cdot \text{Mg}^{-1}$、$1.03 \text{ kg} \cdot \text{Mg}^{-1}$、$4.11 \text{ kg} \cdot \text{Mg}^{-1}$ 和 $0.91 \text{ kg} \cdot \text{Mg}^{-1}$。东北平原单施化肥和施用缓/控释肥的数据分别为 $2.29 \text{ kg} \cdot \text{Mg}^{-1}$ 和 $2.16 \text{ kg} \cdot \text{Mg}^{-1}$。

对于单位面积污染负荷而言，施用化肥条件下三大平原区 N 污染负荷与施 N 量之间均呈显著或极显著的线性正相关。而施用有机肥、秸秆还田两者之间不存在显著相关性。对于施用缓/控释肥而言，仅长江中下游平原 N 渗漏量、N 径流量与施 N 量之间呈极显著线性正相关。对于 P 流失负荷，仅在施用化肥条件下长江中下游平原的 P 径流量与施 P 量之间呈极显著相关。

对于单位产量的污染负荷而言，单施化肥条件下长江中下游平原 N、P 渗漏量与相应的施肥量之间、东北平原 N 渗漏量与化肥施

N 量之间呈显著或极显著正相关。秸秆还田条件下黄淮海平原的 N 渗漏量与施肥量之间、施用缓/控释肥时长江中下游平原 N 渗漏量与施肥量之间均呈显著相关。而有机无机配施下两者的线性关系则不显著。

　　综上可知，在较大区域尺度下农田面源污染的发生是一个较复杂的过程，除施肥量外，还有诸多环境因子对其造成一定影响。对于单位面积 N、P 污染负荷而言，在施用化肥条件下主要受到相应施肥量的影响。在施用缓/控释肥条件下，与黄淮海平原和东北平原相比较，长江中下游平原的单位面积 N、P 污染负荷与相应施肥量之间的相关性最高。单施化肥的单位产量 N 渗漏负荷受施 N 量的影响情况总体与单位面积 N 渗漏量相似。与单施化肥相比，施用有机肥和施用缓/控释肥单位产量 N 渗漏量较低，而秸秆还田与之相近；长江中下游平原秸秆还田措施提高了单位产量 N 径流量，施用有机肥效果相近，缓/控释肥效果仍然最好；东北平原缓/控释肥效果与化肥相近。

第二章 农业清洁小流域建设指标体系构建

　　我国已经开展了有关生态清洁小流域的研究、分类和建设的工作，从研究内容看多以水土流失为治理重点，兼顾流域生态经济可持续发展（贾鎏和汪永涛，2010；谢磊等，2012；齐实和李月，2017）。如郑翠玲（2007）通过构筑"生态修复、生态治理、生态保护"水土保持三道防线，建设北京门头沟区生态清洁小流域，发展"生态农业区、休闲旅游区和山水居住区"。根据生态清洁小流域的功能定位和建设目标的差异，张利超和谢颂华（2018）明确了江西省生态清洁小流域分类的基本原则，并分别以水源地保护、水土流失治理、人居环境改善、自然景观提升等为主要影响因素，提出了生态清洁小流域三步分类法。据此将生态清洁小流域分为水源保护型、生态农业型、宜居环境型、休闲旅游型等 4 个类型，并应用三步分类法对江西省完成的 11 条生态清洁小流域进行了分类，为江西省及南方红壤区生态清洁小流域的分类和建设提供了理论依据和实用方法。

2.1 清洁小流域内涵、指标体系及选择原则

2.1.1 清洁小流域的基本内涵

　　生态清洁小流域作为"经济–社会–环境"三维复合系统，涉及内部众多要素及其相互关系，而流域本身是一个不断与外部进行信息和能量交流的开放系统，也提高了生态清洁小流域定义的难

度。2013 年水利部发布的《生态清洁小流域建设导则》（SL 534—2013）中，提出了生态清洁小流域的定义：在传统小流域综合治理基础上，将水资源保护、面源污染防治、农村垃圾及污水处理等结合在一起的一种新型治理模式。该导则明确规定，在建设生态清洁小流域时，需要有效控制沟道侵蚀，将坡面侵蚀控制在轻度以下，确保水体清洁无富营养化。此外，该导则还对生态清洁小流域建设范畴进行界定，明确了生态清洁小流域建设中面源污染控制的重要地位，将其作为主要出发点和关键环节，高度总结和概括了生态清洁小流域的概念（张文芳，2018）。小流域综合治理是指为了充分发挥水土等自然资源的生态效益、经济效益和社会效益，以小流域为单元，在全面规划的基础上，合理安排农、林、牧等各业用地，因地制宜地布设综合治理措施，治理与开发相结合，对流域水土等自然资源进行保护、改良与合理利用，小流域综合治理又称为流域治理、山区流域管理、流域管理、集水区经营（王礼先，2006）。生态清洁小流域建设针对的不是单一的水土流失治理问题，更要充分考虑小流域生态、经济、社会及人与自然的整体性。生态清洁小流域建设与小流域治理最大的区别为，在自然性中加强了水的保护，在社会性中加强了针对具有水土资源的村庄和人类行为的管理。基于此，张利超和谢颂华（2018）将生态清洁小流域定义为：以小流域为单元，以流域内自然承载力为基础，采取生态的治理手段和协调的管理措施调整人的行为方式，使流域内的水、土、生物等资源利用合理与配置优化、治理措施与景观相协调、经济社会发展可持续、生态系统良性循环的新型治理模式。总之，生态类型小流域侧重保护水源、防治面源污染和控制水土流失，突出保障水体水质安全。

小流域作为具有一定面积的集水单元，在大规模的经济开发和城镇化发展双重因素的交织作用下，出现了水土流失加剧、农村污水垃圾增多、农业面源污染肆意蔓延、水源地涵养功能下降等一系列生态环境问题（柳林夏，2016）。因此，小流域综合治理是一项复杂而艰巨的任务，需综合考虑经济、社会、生态、环境等诸多因素。最近，齐实和李月（2017）梳理了国内外小流域综合治理的发展过程，阐述了部分发达国家和地区（美国、欧洲、日本）和发展中国家和地区（印度、尼泊尔、非洲）小流域治理的思路、技术及模式等，分析了小流域综合治理的特点、主要经验以及存在和需要进一步解决的问题。他们认为，在当前的小流域综合治理中应注重与经济、政治、文化、社会建设的紧密结合；针对不同区域的生态经济特征，治理需遵循因地制宜、适度治理的原则；应适应社会经济的发展，不断调整综合治理的对象、内容和措施。

2.1.2　清洁小流域建设案例分析

　　2006 年水利部提出了建设生态清洁小流域的思路，在全国 30 个省（区、市）开展了生态清洁型小流域试点工程建设，各地以小流域为单位、以水源地保护为核心、以面源污染控制为重点，统筹农村社会经济发展与生态环境保护，在构建技术、措施体系和发展模式等方面开展了积极探索（郑晓岚等，2021）。在生态清洁小流域建设实践过程中，不同地区因地制宜提出了各具特色的理论模式。

　　结合北京市山区特点，祁生林等（2010）提出了"生态修复区、生态治理区、生态保护区"三道防线理论，并对其划分原则、指标体系及治理措施体系做了深入研究。贾鎏和汪永涛（2010）针对丹江口库区胡家山小流域内水土流失的实际情况，围绕生态环境面临的突出问题和矛盾，在面源污染控制的基础上，提出"荒坡地径流控制、农田径流控制、村庄面源污染控制、传输途中控制、流域出口控制"的五级防护理论，为丹江口库区生态清洁小流域建设进行了有益的探索实践。总之，多年创建实践结果表明，生态清洁小流域建设对于坡面水土保持、面源污染治理、生态维护、人居环境改善具有非常重要的作用（贾鎏和汪永涛，2010；祁生林等，2010；张磊和郑委，2017；廖瑞钊等，2019；郑晓岚等，2021）。因此，建立科学易行的生态清洁小流域评价指标体系，为不同类型小流域建立相应的治理模式提供依据，是当前研究与实践的重点。

2.1.3　清洁小流域评价指标选取原则

开展区域生态清洁小流域建设需求评价离不开指标体系的支撑，区域生态清洁小流域建设需求评价的合理性，在很大程度上取决于指标的选取及评价指标体系的建立。生态清洁小流域建设规划的前提是通过对小流域现状进行调查，根据小流域的自然条件、社会经济条件、土地利用现状、水土流失现状，进行生态清洁小流域建设需求评价，从而对小流域生态清洁建设进行规划部署，为生态清洁小流域规划提供依据，使得生态清洁小流域建设安排能最大程度地符合区域小流域建设的客观实际需求。因此，开展区域生态清洁小流域建设需求评价是生态清洁小流域规划的基础。目前，针对生态清洁小流域评价指标的研究很少，现有的研究多采用土壤侵蚀、面源污染、植被覆盖、水环境监测、生物多样性等生态环境指标，较少涉及社会效益、经济效益等指标，缺乏对生态清洁小流域整体性的评价（张磊和郑委，2017）。根据生态清洁小流域的内涵特征，目前主要涉及水环境监测、水土流失治理、受损河道整治、环境修复、水污染治理、发展生态农业等工程项目，采取的措施主要有湿地保护与恢复、排水工程、节水灌溉、水保林、封育治理、污水治理等措施，可同步治理河道、环境、垃圾与污水等，自山顶至山谷对小流域形成生态保护、治理与防护体系（王海峰，2019）。因此，借鉴已有的法规、标准和研究成果建立一套基本的、反映生态清洁小流域整体状况的评价指标迫在眉睫。

建立科学可行的评价指标体系，可以反映小流域生态清洁现状及建设效果。指标体系是小流域生态环境质量综合评价的理论基础，而指标则是评价的基本尺度和衡量标准，所以指标的选取直接影响到评价结果是否准确。然而生态清洁小流域建设需求评价涉及的因素很多，不同的评价目标、不同的地域、不同的角度都会引起评价因子选择的差异，其评价结果往往是不同的，有的甚至差异显著。因此，在评价之前，首先要对评价的目的进行明确，并基于此对评价需遵守的原则进行界定，进而进行指标的选取。在分析国内小流域治理综合效益评价指标体系的基础上，一些学者（李智广等，1998；林积泉等，2005；马梦超，2015；张磊和郑委，2017）总结了在评价指标选取时应该遵循如下 10 个原则。

（1）指标的科学性原则　必须以科学性为前提，在此基础上合理地选取评价指标，涉及的指标要素因子要客观、综合、准确地体现生态环境状况和区域特征。

（2）指标的综合性原则　评价指标要以自然环境背景为核心，全面衡量所有环境因子，综合考虑区域生态环境、人为活动的各个方面。

（3）指标的主导性原则　小流域内部生态环境状况受多种因素影响，并且各因子的作用方式也不统一，应该对影响区域生态环境状况的所有因子进行综合考虑和全面分析，衡量各指标利弊，并基于此选择具有代表性，对生态环境质量实时状况可以直接体现的因子来进行综合分析与评价，并科学确定各主导因子的权重，使评价结果更符合区域生态环境的客观事实。

（4）指标的独立性和可量化性原则　单个指标反映流域的某一侧面，指标之间应尽力不相互重叠，不存在运算或因果关系。指标可以用数量表达，每一项具体数值同反映的效益内容相一致。

（5）指标的可操作性　指标必需的资料容易取得、必需的计算方法容易操作；避免计算复杂、采集困难的指标。

（6）指标的适应性原则　指标在用于评价流域治理效益时应有可比较性，不能受事物以外的因素影响。

（7）指标体系的系统性原则　措施之间的联系，反映到效益指标之间也有着内在的联系。某一指标反映问题的一个侧面，相联系的指标体系就能反映流域系统整体。

（8）指标的简便性原则　所建立的指标体系要简单明了，所包含的指标尽可能要少，但要全面反映区域生态环境状况。

（9）指标的定性定量相结合原则　指标选取以定量指标为主，定性指标与定量指标相结合，由于指标涉及面广，指标无法直接量化，定性描述更能表达指标含义，必要时采用定性评价指标。

（10）指标的排他性原则　指标选取应该避免重叠与交叉，以实现用较少的指标最全面地反映生态清洁小流域建设需求。

2.1.4　清洁小流域评价指标选取

迄今，国内外学者从维持自然状态及提供社会服务功能的角度出发，在流域生态系统健康、河流湖泊健康、水生态文明建设评价等方面开展了大量研究。在遵循指标选取原则的基础上，针对特定小流域生态清洁建设目标的要求，构建不同的评价指标体系。马丰丰等（2010）提出以小流域实施生态清洁建设的具体工程内容为基础，在修复、治理及保护 3 个大方面来构建生态清洁小流域建设评价指标体系，选取指标总计 20 个，其中包含植被覆盖率、林种结构指数、景观类型客观指标、村庄绿化率、村庄生活污水、垃圾处理率、水环境质量、径流系数等。通过上述指标体系对流域的清洁现状及程度进行评价。谢磊等（2012）提出按照坡面、沟道和村庄 3 个部分构建小流域生态清洁程度的评价指标体系，选取土壤侵蚀强度、流域出口断面水质、污水状况、垃圾状况、养殖污染状况等 10 个指标，根据各项指标的实测值对小流域的局部和整体生态清洁程度进行排序，判断小流域间的相对生态清洁状况。马文鹏等（2014）以此评价体系为基础，优化选取化肥施用强度、土壤侵蚀面积比例、林草覆盖率、水质状况、垃圾状况等 8 项关键指标，进而根据指标达标的情况，将小流域分为生态清洁小流域和非生态清洁小流域；同时，采用相对评价的方法开展了小流域生态清洁程度的分级研究，根据评价指标的综合得分，将小流域按生态清洁程度由高到低划分为"生态清洁 1 级"至"非生态清洁 5 级"

10 个级别。

马梦超（2015）以北京市山区 7 区县小流域为研究对象，提取研究区的土地利用、植被覆盖度、地形、景观特征等因子数据，选择了地形地貌、气候土壤、林草覆盖、生物保护、景观利用、污染负荷 6 项指标作为因素层，坡度、降水、NDVI 等 11 项指标作为指标层，结合层次分析法，建立小流域生态环境治理综合评价指标体系，对小流域生态环境状况进行分析和评价。在较大的流域尺度上，闫丽安（2014）以辽宁省生态小流域凡河为研究单元，研究可推广应用的评价指标体系，融入哲学与生态学等理论概念，阐述生态小流域建设的基本内涵，提出了水资源、自然资源、社会资源以及经济资源 4 个方面 20 个指标变量的生态小流域指标体系。该指标体系目的在于对小流域生态建设进行综合评价，同时分辨出影响小流域生态化建设的主要指标，并体现指标间重要程度的差异。

2.1.5 清洁小流域评价指标体系建立的要求和方法

构建评价指标体系的关键在于对小流域实施生态清洁建设的需求进行定量评价。因此，指标体系的建立需从清洁小流域的建设目标出发，分析小流域针对不同建设目标的理论需求度，进而评价小流域开展生态清洁建设的总体需求度。建立科学易行的生态清洁小流域评价指标体系，为不同类型小流域建立相应的治理模式提供依据（张磊和郑委，2017）。目前，已有一些研究针对不同小流域内的生态系统健康、生态经济评价、水环境质量等方面进行了评价，但对生态清洁小流域整体综合评价的研究较缺乏，尚未建立系统的和统一的指标及评价方法体系。

根据评价指标体系判断流域状态是目前较为常用的手段，然而由于缺乏统一的体系建设标准，从而使得评价结果存在一定偏差。文献分析表明，小流域评价指标体系研究方法主要包括综合指数法、主成分分析法、层次分析法、模糊数学法等（闫丽安，2014）。其中，层次分析法是一种应用广泛的多指标决策工具，其特点是在对复杂决策问题的本质、影响因素及其内在关系等进行深入分析的基础上，利用较少的定量信息使决策的思维过程数学化，从而为多目标、多准则或无结构特性的复杂决策问题提供简便的决策方法。针对我国农业面源污染防治技术特点，李艳苓等（2019）建立了包含经济效益、环境效益和技术适用性3个方面共14项评价指标的指标体系，将指标体系与层次分析法相结合，建立基于层次分析法的农业面源污染防治技术评价体系。同时，他们利用创建的技术评价方法对6项农业面源污染防治技术进行评价，结果表明：生物活性炭施用控制养分流失技术和生态拦截技术的技术评价等级分别为中和良，玉米秸秆微生物发酵床生猪养殖污染控制技术和上流式厌氧污泥床+序批式活性污泥反应器处理技术的技术评价等级分别为良和中，厌氧-土壤净化床处理技术和厌氧-跌水充氧接触氧化-人工湿地处理技术的技术评价等级均为中。所建立的技术评价方法适用于同类型农业面源污染防治技术中不同单项技术的对比和筛选。基于层次分析理论，王海峰（2019）分别从生态修复、生态治理、生态保护3个层面构建评价体系，将小流域生态清洁评价体系分为目标层、子目标层和指标层。其中，目标层反映小流域生态清洁状况，子目标层反映影响小流域生态清洁的主要因素，指标层由若干个主要评价指标组成，反映子目标层的具体情况。

总之，利用层次分析法对生态清洁小流域建设的评价取得了一些进展。该方法首先是通过专家咨询、打分的方法来确定准则层指标的权重，然后利用层次分析法对指标层指标的权重进行分配，最终确定指标的权重。该方法能够全面、客观地反映各指标之间的重要性程度。

2.2　农业清洁小流域的概念和内涵

在借鉴生态清洁小流域内涵的基础上，本研究明确了农业清洁小流域的定义：以农业污染源排放占总污染排放量的70%以上且工业污染源得到有效治理的小流域为治理对象，农业清洁小流域的重点建设任务是防控流域面源污染产生，主要通过实施包括种植业和养殖业清洁生产、农村生活垃圾和生活污水治理、种养结合及生态沟渠建设在内的一系列管控措施，促进流域农业资源循环利用率不断提高，并最终实现小流域内整体清洁环境目标。

农业清洁小流域按种植业 0.1 万 hm^2 耕地、畜禽养殖业存栏 3 万头当量猪、农村生活 5 万人的规模框定，主要考核指标设定如下：流域内 4~5 级河道水质达到Ⅳ类标准，要生产出绿色安全的农产品，农田氮磷流失削减率达到 30%，养殖废弃物资源化利用率达到 98%，农村生活污水达到地方标准或资源化利用率达 60%。

2.3 农业清洁小流域指标体系

2.3.1 清洁技术梳理

本书按种植业、养殖业、农村生活 3 个领域提出了 20 类清洁技术（表 2-1）。

表 2-1 农业清洁小流域的清洁技术类别

技术类别		编号	技术
种植业	源头削减（TS）	TS1	设施节水氮磷污染防控
		TS2	大田氮磷减量优化
		TS3	种植结构优化
		TS4	农田氮磷控流失
		TS5	侧条施肥
	过程拦截（TP）	TP6	排水全程拦截
		TP7	农田消纳阻控
		TP8	稻田水肥调控与退水拦截
种植业	养分回用（TC）	TC9	农村生活达标尾水农田回用

（续表）

技术类别	编号	技术
养殖业	TB10	微生物发酵床的养殖废弃物全循环利用
	TB11	养殖废水碳氮磷协同处理
	TB12	高效堆肥及功能有机肥生产
	TB13	保氮除臭通气槽式堆肥
	TB14	高浓度有机污水制备生物基醇
农村生活	TR15	生活垃圾分类收集
	TR16	多介质土壤层耦合处理
	TR17	FMBR 兼氧膜生物反应器
	TR18	自充氧层叠生态滤床处理
	TR19	厌氧滤井+跌水曝气人工湿地处理
	TR20	营养供体利用型处理

2.3.2 环境效益及清洁技术集成指标

（1）污染压力指数（PPI） 利用污染足迹法计算小流域的污染压力指数，进而衡量区域的污染承载力情况（焦雯珺等，2011）。污染物主要考虑 N、P 和有机物这 3 类污染物，区域的污染足迹取三者污染足迹中的最大者。污染压力指数计算公式如下：

$$PPI = \frac{PF_i}{PC} \qquad (2-1)$$

$$PF_i = \frac{P_i}{NY_i} \qquad (2-2)$$

式中，i 取值为 1~3，分别代表区域 N、P 和有机物 3 类污染物；PF_i 为污染物 i 的污染足迹（hm^2）；PC 为污染承载力，或流域内的水域面积（hm^2）；P_i 为区域排入水体的污染物 i 的量（kg）；

NY_i为水体对污染物的平均吸纳能力（kg·hm^{-2}），是流域内河网对应于Ⅳ类水质的水环境容量与流域河网面积的比值。当污染足迹大于污染承载力时，*PPI* 按 1 计。

（2）种养循环（RPB）　种养循环计算公式如下：

$$RPB = ATB15/700 \qquad (2-3)$$

式中，*ATB*15 为种养一体化技术覆盖面积（hm^2）；若 *ATB*15 超过 700 hm^2，*RPB* 按 1 计。

（3）畜禽粪污利用指数（UFW）　确保畜禽粪便100%回收且 N、P 排放利用达98%以上。畜禽粪污利用指数计算公式如下：

$$UFW = RFW \times UND \times UPD \qquad (2-4)$$

$$UND = \frac{(ND-98)}{2} \qquad (2-5)$$

$$UPD = \frac{(PD-98)}{2} \qquad (2-6)$$

式中，*RFW* 为畜禽粪便回收率；*UND*、*UPD* 分别为畜禽粪便 N、P 达标排放利用率；*ND*、*PD* 分别为畜禽粪便 N、P 排放利用率。*ND*、*PD* 低于 98 时，相应的达标利用率均为 0。

（4）面源污染削减指数（RNPL）　面源污染削减指数的计算公式如下：

$$RNPL = \frac{RNL+RPL}{2} \qquad (2-7)$$

$$RNL = \frac{(NL-30)}{70} \qquad (2-8)$$

$$RPL = \frac{(PL-30)}{70} \qquad (2-9)$$

式中，*RNL*、*RPL* 分别为农田 N、P 流失削减指数；*NL*、*PL* 分别为农田 N、P 流失削减率（%）；*RNPL* 式中的1/2 为 *RNL*、*RPL* 的权重；*RNL*、*RPL* 式中的 30 为 N、P 流失的最低削减率，当 *NL*、*PL* 值低于 30 时，相应的 *RNL*、*RPL* 取 0。

（5）土壤污染防控（SPP）　土壤污染防控的计算公式如下：

$$SPP = ATQ6/1\ 000 \qquad (2-10)$$

式中，$ATQ6$ 为土壤污染防控技术覆盖面积（hm²）；若 $ATQ6$ 超过 1 000 hm²，SPP 按 1 计。

（6）绿色农产品达标率（PGP）　确保小流域主要粮食及蔬菜产品的绿色安全生产，主要以重金属含量和硝酸盐含量抽检合格率作为评价指标（肖青亮等，2007；赵凤霞等，2014）。若主要谷物和蔬菜的某项安全指标超过安全限值，则 PGP 值为 0；若不超标，PGP 取值为 1。谷物的主要重金属含量安全限值参考指标：Pb 含量为 0.5 mg · kg⁻¹；Cd 含量为 0.2 mg · kg⁻¹；Hg 含量为 0.02 mg · kg⁻¹；Sn 含量为 250 mg · kg⁻¹；As 含量为 0.5 mg · kg⁻¹；Cr 含量为 1.0 mg · kg⁻¹。蔬菜鲜重硝酸盐含量安全限值含量为 432 mg · kg⁻¹。

（7）农村生活污水利用（URL）　农村生活污水治理达到地方标准或资源化利用率达到 60%。相关计算公式如下：

$$URL = ECOD/6 + ETN/6 + ETP/6 + RRS/2 \qquad (2-11)$$
$$ECOD = (50 - ACOD)/50 \qquad (2-12)$$
$$ETN = (20 - TN)/20 \qquad (2-13)$$
$$ETP = (1.5 - TP)/1.5 \qquad (2-14)$$
$$RRS = \frac{(RS - 60)}{40} \qquad (2-15)$$

式中，$ECOD$、ETN 和 ETP 分别为农村生活污水 COD$_{cr}$、TN、TP 治理指标，RRS 为农村生活污水资源化指标；$ACOD$、TN、TP 分别为农村生活污水出水 COD$_{cr}$、TN、TP 浓度（mg · L⁻¹），RS 为农村生活污水资源化利用率（%）；在计算 URL 的表达式中与 $ECOD$、ETN、ETP、RRS 对应的权重值分别为 1/6、1/6、1/6 和 1/2；在计算 $ECOD$、ETN 和 ETP 的表达式中，50、20、1.5 对应于《城镇污水处理厂污染物排放标准》中相应指标的一级 A 标准、一级 B 标准、一级 B 标准。当 $ACOD$、TN、TP 超出相应的标准限值 50、

20、1.5 mg·L^{-1}时，*ECOD*、*ETN* 和 *ETP* 值取 0；当 *RS* 值低于 60 时，*RRS* 取值为 0。

（8）技术集成与管理（CTIM） 当地主管部门设立专门管理机构，与第三方环境评估机构签订管理协议，依托第三方机构开展如下工作：评估小流域环境容量，制订面源污染防控方案，加强对敏感区域和重点环节的管控，为农业主体发放应用清洁技术的生态补偿资金，在入河断面安装水质仪器开展水质监测和预警。基于面源污染防控方案中 3 类清洁技术的整装度，可确定本指标的权重值。

一是同时涵盖 5 类清洁技术（TF、TQ、TE、TB、TR），其中应至少包含 TF1、TQ5、TE9、TB13、TB14、TR16 和 TR17 这 7 个单项技术，可以视为达到 100% 集成，权重值为 0.25。各单项技术覆盖占相应污染类别设定规模的比值应达到 70% 以上，下同。

二是涵盖种植业、养殖业、农村生活 3 个领域中至少 2 个领域的技术，且至少涵盖 3 类技术，每类技术至少包括表 2-1 中提到的相应单项技术，可视为 2/3 集成，权重值为 0.15。

三是种植业中至少涵盖 TF 与 TE 两类技术中各自 1 项技术，或养殖业中同时涵盖 TB13 和 TB14 技术，或农村生活中同时涵盖 TR17 和 TR18 技术，可视为 1/3 集成，权重值为 0.05。

四是其余情况，视为零集成，权重值为 0。

2.4 农业清洁小流域评价方法

由评价农业清洁小流域的指标及各自权重（表 2-2）可以看出，指标体系主要围绕水体安全和流域的综合环境效益，技术应用类指标权重占 30%，环境效益类指标的权重占 70%。

表 2-2　农业清洁小流域评价指标及权重

项目	清洁技术应用（0.30）			环境效益（0.70）
	种植业	养殖业	农村生活	
流域水体安全（0.30）	—	—	—	x_1
畜禽粪污利用（0.15）	x_2	—	—	x_3
面源污染削减（0.10）	—	—	—	x_4
农产品安全（0.10）	—	—	—	x_5
农村生活污水利用（0.10）	—	—	—	x_6
技术集成与管理（0.25）	—	x_7	—	—

基于农业清洁小流域的评价指标和权重值，农业清洁小流域建设评价计算公式如下：

$$y = \sum_{i=1}^{m} w_i \times x_i, \ 0 \leqslant w_i \leqslant 1, \ \sum_{i=1}^{m} w_i = 1 \qquad (2-16)$$

式中，y 为农业清洁小流域建设综合评价值。x_i 为经过归一化处理的评价指标，分别对应于流域水体安全、TB10 覆盖率、畜禽粪污利用、面源污染削减、绿色农产品达标率、农村生活污水利用、技术集成与管理 7 个指标。7 个指标中，除流域水体安全指标按负向指标处理外，其余指标均按正向指标处理。w_i 是评价指标 x_i 的权重系数，$w_1 \sim w_7$ 的值分别为 0.30、0.05、0.10、0.10、0.10、0.10、0.25。

2.5　农田面源污染种植源减排率计算

2015—2017 年巢湖流域巢湖市居巢区中垾镇和合肥市庐江县郭河镇的长期定位试验观测数据显示：稻麦轮作常规种植条件下，年均 N、P 径流流失量分别为 21.0 ~ 38.8 kg · hm^{-2}、0.30 ~ 2.14 kg · hm^{-2}，N 肥、P 肥流失系数分别为 2.77% ~ 4.90%、

0.07%~0.73%；在优化施肥条件下，年均 N、P 径流流失量分别为 10.0~21.1 kg·hm^{-2}、0.17~1.33 kg·hm^{-2}，N 肥、P 肥流失系数分别为 0.70%~0.86%、0.01%~0.19%；优化施肥条件下的 N、P 径流损失量的削减率分别为 45.6%~52.6%、37.9%~43.8%。

2015—2017 年辽河流域阜新市阜蒙县阜新镇的长期定位试验观测数据显示：春玉米在 5°坡度条件下，常规种植年均 N、P 径流和渗漏流失量分别为 0.65 kg·hm^{-2}、0.031 kg·hm^{-2}和 1.87 kg·hm^{-2}、0.163 kg·hm^{-2}，等高垄膜沟秸秆的值分别为 0.00 kg·hm^{-2}、0.00 kg·hm^{-2}和 2.06 kg·hm^{-2}、0.183 kg·hm^{-2}；在 10°坡度条件下，常规种植产生的年均 N、P 径流和渗漏流失量分别为 0.84 kg·hm^{-2}、0.052 kg·hm^{-2}和 1.78 kg·hm^{-2}、0.131 kg·hm^{-2}，等高垄膜沟秸秆相应的值分别为 0.14 kg·hm^{-2}、0.007 kg·hm^{-2}和 1.75 kg·hm^{-2}、0.139 kg·hm^{-2}；玉米连作、花生连作、玉米-花生间作的 N、P 渗漏损失量年均值分别为 2.43 kg·hm^{-2}、0.251 kg·hm^{-2}，2.02 kg·hm^{-2}、0.220 kg·hm^{-2}和 1.99 kg·hm^{-2}、0.991 kg·hm^{-2}，玉米连作、花生连作的 N、P 肥流失系数均值分别为 0.16%、0.09%以及 0.01%、0.04%；玉米花生间作的 N、P 渗漏损失量与玉米连作、花生连作相比的削减率分别为 17.9%、23.8%以及 1.4%、13.3%。

2.5.1 入水负荷计算

根据输出系数模型与入河系数计算农业清洁小流域的入河负荷（李阳，2012；彭兆弟等，2016）：

$$R_i = \sum_{j=1}^{n} L_{i,j} \times \lambda_{i,j} \qquad (2-17)$$

式中，R_i 为第 i 种污染物的年入水负荷（t）；$L_{i,j}$ 为第 i 种污染物第 j 种污染源的年排放负荷（其中，i = 1，2，分别与 N 和 P 相对应；n = 1~3，分别与农田、畜禽养殖与农村生活三大污染源相对应）；$\lambda_{i,j}$ 为第 i 种污染物第 j 种污染源的入河系数；$E_{i,j}$ 为第 i 种污染物第

j 种污染源的输出系数，A_j 为土地利用面积或人口（畜禽）数量。

2.5.2　种植业

小流域内农田径流 N、P 产生总量（$L_{1,1}$、$L_{2,1}$，t）的计算公式为：

$$L_{1,1} = 10^{-3} \times \sum_{k=1}^{o} EN_{k,1} \times A_k \qquad (2-18)$$

$$L_{2,1} = 10^{-3} \times \sum_{k=1}^{o} EP_{k,1} \times A_k \qquad (2-19)$$

式中，$EN_{k,1}$、$EP_{k,1}$ 分别为第 k 类农田的年 N、P 输出系数（kg·hm^{-2}），这里将柘皋河小流域的农田类型简化为稻麦轮作、蔬菜和果园 3 种，亮子河小流域分为玉米、蔬菜、果园 3 种，与 $o = 1 \sim 3$ 分别对应；A_k 为第 k 类农田的耕地面积（hm^2）；10^{-3} 为单位转换系数。其中，柘皋河、亮子河小流域的 $EN_{k,1}$ 的 3 类农田的值分别设为 38.80、18.50、20.00 和 0.65、7.32、1.47；$EP_{k,1}$ 的 3 类农田的值分别设为 2.14、5.84、1.61 和 0.03、0.36、0.03。

$$R_{i,1} = L_{i,1} \times \lambda_1 \qquad (2-20)$$

式中，$R_{i,1}$ 为农田径流中第 i 类污染物的入河量（t）；λ_1 为农田径流入河系数，柘皋河、亮子河小流域的取值分别为 0.10、0.15。

2.5.3　畜禽养殖业

小流域内畜禽粪便产生总量（$EQLP$，t）的计算公式为（王方浩等，2006；朱建春等，2014）：

$$EQLP_l = 10 \times PopLP_l \times PLP_l \times E_{l,2} \qquad (2-21)$$

式中，$PopLP_l$ 为第 l 类畜禽的饲养数量（万），这里将畜禽种类分为猪、肉牛、奶牛、肉禽、蛋禽 5 种，与 $P = 1 \sim 5$ 分别对应；PLP_l 为第 l 类畜禽的饲养期（d）；$E_{l,2}$ 为第 l 类畜禽的排泄系数（kg·d^{-1}）；10 为单位转换系数。其中，猪、肉牛、肉禽按出栏量计饲养量，奶牛、蛋禽按年末存栏量计；5 类畜禽的 PLP_l 分别设定为 199、365、365、55、365，柘皋河、亮子河小流域的 $E_{l,2}$ 分别设定为 2.97、23.71、46.84、0.22、0.15 和 4.10、22.67、48.49、0.18、0.10。

$$L_{i,2} = 0.01 \times \sum_{l=1}^{p} EQLP_l \times NCE_{i,l} \qquad (2-22)$$

式中，$L_{i,2}$ 为畜禽粪便中 i 类污染物的排放量（t）；$NCE_{i,l}$ 为畜禽粪便中的 i 类污染物养分含量（%）。其中，对于 $i=1$ 类污染物 N 而言，5 类畜禽的 $NCE_{i,l}$ 值分别为 0.238、0.351、0.351、1.032、1.032；对于 $i=2$ 类污染物 P 而言，$NCE_{i,l}$ 值分别为 0.074、0.082、0.082、0.413、0.413。

$$R_{i,2} = L_{i,2} \times \lambda_{i,2} \qquad (2-23)$$

式中，$R_{i,2}$ 为畜禽粪便中第 i 类污染物的入河量（t）；$\lambda_{i,2}$ 为畜禽养殖 i 类污染物的入河系数，柘皋河小流域与 N、P 相对应的值分别为 0.213 和 0.154，亮子河小流域均为 0.200。

2.5.4 农村生活污水

小流域内农村生活污水 N、P 排放量的计算公式为：

$$L_{1,3} = 3.65 \times PopRR \times NCRR \qquad (2-24)$$
$$L_{2,3} = 3.65 \times PopRR \times PCRR \qquad (2-25)$$

式中，$L_{1,3}$、$L_{2,3}$ 分别为农村生活污水中 TN、TP 排放量（t）；$PopRR$ 为农村居民人数（万人）；$NCRR$、$PCRR$ 为人均 N、P 排放量（g·人$^{-1}$·d^{-1}），此处分别设为 10.10、0.74；365 为一年的天数，经单位变换为 3.65。

农村生活污水污染物入河量的计算公式为：

$$R_{i,3} = 0.9 \times L_{i,3} \times \lambda_3 \qquad (2-26)$$

式中，$R_{i,3}$ 为农村生活污水中第 i 类污染物的入河量（t）；0.9 为本研究假定的未处理的农村生活污水排放率；λ_3 为农村生活污水的入河系数，柘皋河、亮子河小流域分别取值为 0.05、0.01。

2.5.5　水体环境容量

水体 N、P 环境容量（Q_i, t）计算公式如下（海热提和王文兴，2004）：

$$Q_i = V_w \times (B4_i - B0_i) \times 10^{-6} + C0_i \qquad (2-27)$$

式中，V_w 为水体环境资源总量（m^3）；$B4_i$ 为《地表水环境质量标准》（GB 3838—2002）规定的第 IV 类水体的 i 类污染物含量，取值分别为 1.5、0.3（$mg \cdot L^{-1}$）；$B0_i$ 为水体中 i 类污染物含量本底值（$mg \cdot L^{-1}$）；$C0_i$ 为水体对 i 类污染物的同化能力（t）。

水质同化能力按下式计算：

$$C0_i = K_i \times V_w \times C_s \times 10^{-6} \qquad (2-28)$$

式中，K_i 表示 i 类污染物的水质降解系数（d^{-1}）；C_s 为该水体相应水质标准浓度，此处按 $B4_i$ 计。

2.5.6　农田径流污染减排率

令 $R_i = Q_i$，通过计算求出 Q_i、$R_{i,3}$、$R_{i,2}$ 各值，并将其代入下式：

$$R'_{i,1} = Q_i - R_{i,2} - R_{i,3} \qquad (2-29)$$

即可求出农田径流污染物入河量目标值（$R'_{i,1}$, t）。进而，可计算出农田径流污染物产生量目标值（$L'_{i,1}$, t）：

$$L'_{i,1} = \frac{R'_{i,1}}{\lambda_1} \qquad (2-30)$$

通过比较农田径流污染物产生量的实际值（$L_{i,1}$）与目标值（$L'_{i,1}$），可求得农田径流污染减排率（RLRF,%）：

$$RLRF = \frac{L_{i,1} - L'_{i,1}}{L_{i,1}} \times 100 \qquad (2-31)$$

2.6　农田面源污染减排率案例分析

本研究以巢湖流域的柘皋河小流域和辽河流域铁岭市亮子河小流域为例开展面源污染入河量计算。

2.6.1　水体环境容量

柘皋河小流域的水体环境资源总量（V_w）按 1.5 亿 m^3 计，水体中 TN、TP 的本底浓度（$B0_1$、$B0_2$）按 2014 年前 6 个月平均值 1.15 $mg \cdot L^{-1}$、0.06 $mg \cdot L^{-1}$ 计，水质降解系数按 0.1 计（李晓连，2016），可计算出柘皋河小流域的 TN、TP 水体环境容量（Q_1、Q_2）均为 74.6 t、81.0 t。对于亮子河小流域，2014 年后施堡断面的 NH_4^+-N 和 TP 指标值分别为 3.08 $mg \cdot L^{-1}$ 和 0.65 $mg \cdot L^{-1}$，为劣 V 类指标。

2.6.2　入河量与农田径流污染减排率计算

对于种植业，根据巢湖流域 14 县区的统计年鉴等相关资料，设定柘皋河小流域稻麦轮作、菜地、园地 3 种类型的比例分别为 93.6%、5.1% 和 1.3%，常规种植方式下 N、P 年入河量分别为 116.30 t、7.20 t；根据铁岭市有关文献与统计资料，亮子河小流域农用地面积计为 42.87×10^3 hm^2，可计算出 N、P 年入河量分别为 38.74 t、3.97 t（表 2-3）。对于畜禽养殖业，将柘皋河小流域内畜禽统一折算成猪单位 14.43 万头进行计算，可得到 N、P 年入河量分别为 43.30 t、9.74 t；亮子河小流域两者分别为 184.00 t、66.20 t（表 2-4）。对于农村生活污水，柘皋河流域 N、P 年入河量分别为 36.70 t、2.69 t；亮子河小流域两者分别为 4.55 t、0.33 t（表 2-5）。

表 2-3 2014 年种植业 N、P 入河量计算

小流域	粮食作物面积/ (×10³hm²)	蔬菜面积/ (×10³hm²)	园地面积/ (×10³hm²)	N 入河量/t	P 入河量/t
柘皋河	29.02	1.58	0.40	116.30	7.20
亮子河	38.74	3.97	0.15	8.20	0.40

表 2-4 2014 年畜禽养殖 N、P 入河量计算

小流域	猪出栏量/ 万头	牛出栏量/ 万头	牛年末 存栏量/ 万头	家禽出 栏量/ 万只	家禽年 末存栏量/ 万只	N 入河 量/t	P 入河 量/t
柘皋河	14.43	—	—	—	—	43.30	9.74
亮子河	11.63	0.297	0.020	367.7	57.8	184.00	66.20

表 2-5 2014 年农村生活污水 N、P 入河量计算

小流域	农村人口/万人	N 入河量/t	P 入河量/t
柘皋河	22.1	36.70	2.69
亮子河	13.7	4.55	0.33

柘皋河水体 N 环境容量为 74.6 t，而畜禽养殖和农村生活源的 N 素入河量达到了 80 t，留给种植业的 N 素流失空间 $R'_{1,1} = 74.6 - 80 = -5.4$（t），表明种植业已无 N 入河空间。柘皋河小流域的 P 素环境容量为 81 t，超过流域内三大来源的 P 入河量（19.6 t）。这表明柘皋河小流域 N 排放污染较严重，种植业已无减排空间。而流域内水体 P 环境容量较高，足以容纳 P 面源污染排放。由于缺少水资源量数据，未计算亮子河 N、P 环境容量。

2.6.3 氮磷面源污染治理对策

柘皋河小流域 N、P 入河量源自种植业、养殖业和农村生活，三者的合计值分别为 196.6 t、18.6 t。N、P 入河量中分别以种植源、畜禽源污染所占比重最高，分别占总量的 59.2%、49.6%。其中，N 入河量中养殖源比重高于农村生活源，分别为 22.1%、18.7%；P 入河量中种植源比重约为农村生活源的 3 倍，分别为 36.7%、13.7%（图 2-1）。亮子河小流域内 N、P 入河量值分别为 196.0 t、66.9 t。其中，N、P 入河量中均以畜禽源污染所占比重最高，各占总量的 93.5%、98.9%；种植源和农村生活源污染所占比重较小，其中，种植源 N、P 入河量比重分别为 4.2% 和 0.6%，农村生活源两者比重分别为 2.3% 和 0.5%（图 2-2）。

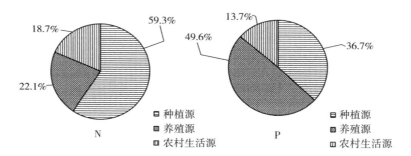

图 2-1　柘皋河小流域 N、P 入河量不同来源污染分布比重

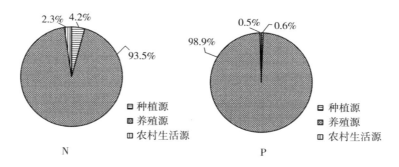

图 2-2　亮子河小流域 N、P 入河量不同来源污染分布比重

柘皋河小流域水体存在 N、P 纳污空间，N 污染相对严重，种

植业已不存在 N 减排空间。因此，柘皋河小流域种植业生产应按照"4R"原则，全过程防治开展 N、P 流失减排，即针对源头减量、过程阻断、养分再利用和生态修复 4 个环节，严格防止 N 流失入河。

　　亮子河小流域水体 N、P 污染较严重，在推广种植业清洁生产技术的基础上，要加强建设农田生态沟渠和缓冲带，最大程度减少降水和灌溉产生的农田径流。畜禽粪便必须实现 100% 资源化利用，采取工程措施切断在收集转移养殖粪污过程中可能发生的水体泄漏途径。农村生活污水要在实现Ⅳ类水质达标排放的基础上进一步实现 N、P 的 100% 资源化利用。

第三章 流域农业面源污染防控技术评价方法

我国在保障粮食高产、稳产的同时，也付出了巨大的资源环境代价，化肥农药过度投入、畜禽与农村生活粪污大量排放等，对农业生态系统和农村环境造成破坏，导致农业面源污染问题尤为突出。由于面源污染来源的复杂性、机理的模糊性和形成的潜在性，在研究和控制面源污染方面具有较大的难度。因此，在进行农业面源污染控制的过程中，必须首先确定农业面源污染的范围以及其严重程度，以便用有限的资源及具有针对性的控制措施来获得最大的防治污染的效益。因此，农业面源污染防控技术评价方法的研究显得尤为重要。

3.1　污染控制技术选择依据

一是依据《水污染防治先进技术汇编》（国家水体污染控制与治理科技重大专项，以下简称水专项，第一批）中推荐的相关种植业农业面源污染防治技术。

二是依据国家农业农村部等相关部委近几年主推的农业面源污染防治技术。

三是依据种植业生产"节、减、用"、全程控制、综合施策、技术成熟性、层次分析法评价和因地施策的原则。

四是依据不同流域农业推广部门、农业科技工作者专家举荐的符合生产实际的面源污染防治技术。

3.2　技术选择的原则

有关农业面源污染防控技术的选择应遵守以下原则。

（1）产量为基本原则　技术的筛选首先遵循确保农作物尤其是粮食产量不明显减产的原则。粮食安全是国家安全的重要基础，因此不对粮食产量产生负面效应是整装技术筛选的基本原则。对产量减产影响应控制在5%以内。

（2）减排明显原则　种植业农业面源污染防治共性与整装技术研究的目的就是减少农田污染物排放，实现种植业清洁生产，从而确保环境安全及农业可持续发展。因此，选择的技术应该能够明显减少农田污染物（主要是 N、P）排放。N、P 流失量削减 20%以上，化肥用量减少 20%以上（或者化肥利用率提高 5%以上）。

（3）技术成熟原则　整装技术的目的是直接用于农业生产实践。因此，应筛选目前应用较为成熟、利于推广的农业面源污染防治的技术。通过在不同地区的推广验证及参数修订，形成便于农民操作的整装技术。整装技术中单项技术就绪度应至少达到 6 以上。

（4）因地制宜原则　技术的选取应依据当地作物生产情况选择适合当地的面源污染防控技术。大面积推广前应做好充分的小区试验和大田试验，避免因技术选择不当引起的作物减产及其他风险。

3.3　技术选择的基本方法

首先，流域农业面源污染防控技术的选择需要按照指定的评价方法（层次分析法）筛选技术，对于关键技术参数不符合要求或匹配度较差的技术进行逐层筛除，综合评判后选择符合要求或相对优越的防治技术。其次，所需技术需源自本研究推荐的技术清单（包括种植、养殖和农村生活方面的技术清单）。清单应包括技术概述、技术原理、适用范围和条件、应用效果、技术风险、技术规程、推广政策建议、备注说明等主要内容。再次，所选技术应符合上述四大原则要求，同时要满足流域目标水体的要求进行组合和使用，最终根据流域目标水体的需要进行技术选择。最后，根据流域生态环境特点，需要对选择的特定技术给出系列政策管理建议，包括科学合理的经济补贴标准、技术覆盖度、行之有效的监管核查办法等内容（李艳苓等，2019）。

3.4 农业面源污染控制技术就绪度级别划分

3.4.1 技术就绪度概念

技术就绪度也可称为技术就绪指数或技术准备水平，是一种衡量技术发展（包括材料、零件、设备等）成熟度的指标。在应用相关技术前，先衡量技术的成熟度。一般而言，当一个新的技术被发明或概念化时，不适合立刻应用在实际的系统或子系统中。新的技术需要经过许多实验、改良及实际测试，在充分证明新的技术可行性后，才会整合到系统或子系统中。

技术就绪度应用基本的分级原理，把一类技术或项目，按一定的原则制订分级标准，使此类技术或项目都可以按照所处阶段的不同，对应到各级别，量化的区分每一个技术或项目的成熟程度。技术就绪度的应用，从低级别到高级别，每升高一级标志着技术项目的日趋成熟。技术就绪度的量表制订需要根据不同类别的科研项目的具体情况具体编制，具有普遍适用性和个案特殊性。技术就绪度最初是被一些美国国防采办机构和世界许多大公司（科研相关）不断发展地对项目交付物（硬件、软件、标准等）成熟情况评估的一种方法，该方法将贯穿于技术项目的整个系统。在我国，技术就绪度作为科研项目的基本指标之一被纳入《科学技术研究项目评价通则》（GB/T 22900—2009）。该国家标准将工作分解结构和技术就绪水平联合应用，用于改良我国的科研项目管理方法。

3.4.2 技术就绪度的定级

一项技术必须能够编制出技术就绪度（TRL）量表，并且能够在量表中表达开始状态和目标状态。只有技术就绪度量表才能反映出来科研项目的技术增加值。根据技术就绪度的定义，可将其分为9个级别（表3-1），主要包括了资料研究、可行性研究、实验研究、性能研究、工艺及装备研究、试验研究、工程研究、成本研究和产业研究。

表 3-1 技术就绪度的级别划分

分类	级别	名称	分级内容
基础技术研究	1	资料研究	收集与技术内容相关的基础资料、文献和已有数据的分析等
形成技术方案	2	可行性研究	应用该技术的软硬件条件是否具备
实验性能通过小试验证确定	3	实验研究	实验室规模的小试研究
通过中试验证	4	性能研究	应用该技术小试研究的效果评价
形成技术示范，并通过可行性论证	5	工艺及装备研究	应用该技术的基础设备、工艺流程等条件
通过技术工程示范	6	试验研究	应用该技术较大范围研究的效果评价
通过第三方评估或用户验证认可	7	工程研究	实际应用该技术的效果评价
规范化与标准化	8	成本研究	实际应用该技术的成本核算及效果评价
得到推广应用	9	产业研究	技术应用的规模化运行

根据技术就绪度的定级标准，本书编制出了农业面源污染控制相关技术中，种植业污染控制技术就绪度定级标准、养殖业污染控制技术就绪度的级别划分、农村生活污染控制技术就绪度的级别划分以及农业面源污染控制管理及平台的技术就绪度的级别划分（表3-2至表3-6）。

表3-2　种植业污染控制技术就绪度的级别划分

等级	等级描述	等级评价标准			评价依据（成果形式）
		技术参数	推广应用状况	用户评价	
1	基础技术研究	已收集与技术内容相关的基础资料、文献和已有数据的分析等			需求分析及技术基本原理报告
2	形成技术方案	应用该技术的软硬件条件已经具备			技术方案、实施方案
3	实验性能通过小试验证确定	已完成实验室规模的小试研究及应用该技术小试研究的效果评价			小试研究总结报告
4	通过中试验证	在小试的基础上，验证放大规模后关键技术的可行性，为工程应用提供数据			中试研究总结报告
5	形成技术示范，并通过可行性论证	化肥（N、P）用量减少30%或化肥利用率提高10%左右，N、P流失量削减30%左右，效益不降低	示范面积50 hm²及以上	用户满意度70%以上	专家评估意见及用户评估报告
6	通过技术工程示范	化肥（N、P）用量减少25%左右或化肥利用率提高8%左右，N、P流失量削减25%左右，效益不降低	推广面积200 hm²及以上	用户满意度65%以上	第三方评估报告
7	通过第三方评估或用户验证认可	化肥（N、P）用量减少20%左右或化肥利用率提高5%左右，N、P流失量削减20%左右，效益不降低	推广面积1 000 hm²及以上	用户满意度60%以上	用户证明及管理部门组织的专家论证
8	规范化与标准化	推广达到1万 hm²及以上，形成指南、规范、导则或标准			成果鉴定报告、技术指南、规范或导则
9	得到推广应用	在3个以上流域推广应用，总面积不少于10万 hm²			推广应用证明或其他文件

表 3-3　养殖业污染控制技术就绪度的级别划分

等级	等级描述	等级评价标准			评价依据（成果形式）
		技术参数	推广应用状况	用户评价	
1	基础技术研究	已收集与技术内容相关的基础资料、文献和已有数据的分析等			需求分析及技术基本原理报告
2	形成技术方案	应用该技术的软硬件条件已经具备			技术方案、实施方案
3	实验性能通过小试验证确定	已完成实验室规模的小试研究及应用该技术小试研究的效果评价			小试研究总结报告
4	通过中试验证	在小试的基础上，验证放大规模后关键技术的可行性，为工程应用提供数据			中试研究总结报告
5	形成技术示范，并通过可行性论证	废弃物资源化利用率90%以上；污染负荷削减98%以上	养殖规模 50～500 头当量猪（年存栏数）	用户满意度70%以上	专家评估意见及用户评估报告
6	通过技术工程示范	废弃物资源化利用率95%以上；污染负荷削减100%	累计养殖规模500～5 000头当量猪、单户不低于500头当量猪（年存栏数）	用户满意度65%以上	第三方评估报告
7	通过第三方评估或用户验证认可	废弃物资源化利用率95%以上；污染负荷削减100%	累计养殖规模5 000～30 000头当量猪、单户不低于1 000头当量猪（年存栏数）	用户满意度60%以上	用户证明及管理部门组织的专家论证
8	规范化与标准化	累计养殖规模30 000～100 000头当量猪（年存栏数）的推广应用，资源化利用率95%以上，取得相关产品证书，并形成标准规范或指南导则			成果鉴定报告、技术指南、规范或导则
9	得到推广应用	在3个以上县域推广应用，累计推广养殖规模不少于60万头当量猪（年存栏数）或资源化利用率95%以上			推广应用证明或其他文件

表3-4 农村生活污水治理技术就绪度的级别划分

等级	等级描述	等级评价标准			评价依据（成果形式）
		技术参数	推广应用状况	用户评价	
1	基础技术研究	已收集与技术内容相关的基础资料、文献和已有数据的分析等			需求分析及技术基本原理报告
2	形成技术方案	应用该技术的软硬件条件已经具备			技术方案、实施方案
3	实验性能通过小试验证确定	已完成实验室规模的小试研究及应用该技术小试研究的效果评价			小试研究总结报告
4	通过中试验证	在小试的基础上，验证放大规模后关键技术的可行性，为工程应用提供数据			中试研究总结报告
5	形成技术示范，并通过可行性论证	单项工程处理量不低于5 m³·d⁻¹，出水水质不低于一级B要求或满足地方排放标准，稳定运行1 a以上，运行费用不高于1元·m⁻³	累计服务农村人口不少于500人	用户满意度70%以上	专家评估意见及用户评估报告
6	通过技术工程示范	单项工程处理量不低于5 m³·d⁻¹，出水水质不低于一级B要求或满足地方排放标准或满足地方排放标准或尾水回用率100%，稳定运行1 a以上，运行费用不高于1元·m⁻³	累计服务农村人口不少于5 000人	用户满意度65%以上	第三方评估报告
7	通过第三方评估或用户验证认可	单项工程处理量不低于5 m³·d⁻¹，出水水质不低于一级B要求或满足地方排放标准或满足地方排放标准或尾水回用率100%，稳定运行2 a以上，运行费用不高于1元·m⁻³	累计服务农村人口不少于20 000人	用户满意度60%以上	用户证明及管理部门组织的专家论证

（续表）

等级	等级描述	等级评价标准			评价依据（成果形式）
		技术参数	推广应用状况	用户评价	
8	规范化与标准化	累计进行农村人口规模不少于 5 万人的推广示范（单工程处理生活污水量不低于 10 m³·d⁻¹，出水水质不低于一级 B 要求或满足地方排放标准或尾水回用率 100%），稳定运行 2 a 以上，并形成标准规范或指南导则			成果鉴定报告、技术指南、规范或导则
9	得到推广应用	在 3 个以上县域流域开展大规模推广应用，累计不少于 10 万人规模的推广应用（出水水质不低于一级 B 要求或满足地方排放标准或尾水回用率 100%），稳定运行 2 a 以上			推广应用证明或其他文件

表 3-5 农业面源污染一体化控制综合集成技术就绪度的级别划分

等级	等级描述	等级评价标准			评价依据（成果形式）
		技术参数	推广应用状况	用户评价	
1	基础技术研究	已收集与集成技术内容相关的基础资料、文献和已有数据的分析等，平台管理需求明确、技术原理清晰			需求分析及技术基本原理报告
2	形成技术方案	明确技术集成主要功能和目标，制定相应的技术集成的路线和方案，应用该技术的软硬件条件已经具备			技术方案
3	通过小试验证确定	技术集成及管理平台等关键突破节点技术			小试研究总结报告
4	通过中试验证	在小试的基础上，验证放大规模后关键技术的可行性，为工程应用提供数据			中试研究总结报告
5	形成技术示范，并通过可行性论证	养殖废弃物资源化利用率达到 98% 左右，农田 N、P 流失削减 30% 左右，农村生活污水达到地方标准或资源化利用率 60%；农业流域水体水质达到Ⅳ类水标准	示范区域在 30 km² 左右，技术覆盖养殖数量存栏 5 000 头当量猪，200 hm² 耕地和 5 000 人口左右	用户满意度 70% 以上	专家评估意见及用户评估报告

（续表）

等级	等级描述	等级评价标准			评价依据（成果形式）
		技术参数	推广应用状况	用户评价	
6	通过技术工程示范	养殖废弃物资源化利用率达到95%左右，农田N、P流失削减25%左右，农村生活污水达到地方标准或资源化利用率50%左右；农业流域水体水质达到Ⅳ类水标准	示范区域累计达到80 km²左右，技术覆盖养殖数量存栏2万头当量猪，1 500 hm²耕地和2万人口左右	用户满意度65%以上	第三方评估报告
7	通过第三方评估或用户验证认可	养殖废弃物资源化利用率达到95%左右，农田N、P流失削减20%左右，农村生活污水达到地方标准或资源化利用率50%左右；农业流域水体水质达到Ⅴ类水标准	示范区域累计达到200 km²左右，技术覆盖养殖数量存栏2万头当量猪，3 000 hm²耕地和4万人口左右	用户满意度60%以上	用户证明及管理部门组织的专家论证
8	规范化与标准化	累计在3个镇域以上或3个100 km²规模区域的综合系统技术集成示范推广，技术应用覆盖率达到示范区域或流域范围的20%，形成标准规范的方案或导则；农业流域水体水质达到Ⅴ类水标准，区域农产品达到无公害标准			成果鉴定报告、技术指南、规范或导则
9	得到推广应用	在3个以上县域得到推广应用，养殖废弃物资源化利用率达到95%左右，农田N、P流失削减20%左右，农村生活污水达到地方标准或资源化利用率50%左右，农业流域水体水质达到Ⅴ类水标准，区域农产品达到无公害标准。			推广应用证明或其他文件

表 3-6　农业面源污染管理控制技术就绪度的级别划分

等级	等级描述	等级评价标准		评价依据（成果形式）
		技术参数	推广应用情况	
1	基础技术研究	已收集与集成技术内容相关的基础资料、文献和已有数据的分析等，平台管理需求明确、技术原理清晰		需求分析及技术基本原理报告
2	形成技术方案	明确技术集成主要功能和目标，制定相应的技术集成的路线和方案，应用该技术的软硬件条件已经具备		技术方案

（续表）

等级	等级描述	等级评价标准		评价依据（成果形式）
		技术参数	推广应用情况	
3	通过小试验证确定	技术集成及管理平台等关键突破节点技术		小试研究总结报告
4	通过中试验证	完成硬件建设		中试研究总结报告
5	形成技术示范，并通过可行性论证	形成 1~3 km² 技术集成的系统模块设计	技术方案等通过可行性论证或专家验证（专家论证等手段）	论证意见或可行性论证报告等
6	通过技术工程示范	构建系统技术集成与管理方案，并通过 10 km² 左右的工程验证	技术方案等通过可行性论证或专家验证（专家论证等手段）	平台、专利、软件著作权
7	通过第三方评估或用户验证认可	通过对应 50~60 km² 规模的集成技术工程示范的第三方评估或用户试用认可		第三方评估报告或应用证明
8	规范化与标准化	通过对 3 个以上 100 km² 规模区域的综合系统技术集成和管理方案示范，技术应用覆盖率达到示范区域或流域范围的 20%，形成标准规范的方案或导则		应用手册、相关技术规范等
9	得到推广应用	在 3 个以上县域流域开展大规模推广应用，技术应用覆盖率达到示范区域或流域范围的 20%。养殖污染废弃物资源化利用率达到 95%，农田径流养分流失率降低 20%~30%，农村生活污水资源化利用率 50%~60%；农业流域水体水质达到Ⅳ类水标准		业务部门采用的证明文件

第四章 流域农业面源污染防控技术评价平台

为了更好地评价流域农业面源污染防控技术，提出技术验证方案及制定技术评估流程等，本书构建了流域农业面源污染防控技术评价平台。同时，该平台能够为地方单位、管理部门和专家提供技术案例、野外台站及相关系数和技术导则申报和技术案例评分功能。

4.1 平台概述

流域农业面源污染防控技术评价方法与平台依托农业农村部农业环境重点实验室下辖的野外台站，结合巢湖、辽河、海河、松花江、三峡库区等重点流域，开展流域农业面源污染排污系数研究，从而建立涵盖农户意愿、经济成本、时间成本、技术效果、技术适宜规模、适宜区域等指标的流域农业面源污染防控技术评价指标体系并分级，进一步提出农业面源污染防控技术评价验证的方案设计和监测技术，制定技术评估流程和信息发布要求。该平台为地方单位、管理部门和专家分别提供技术案例、野外台站及相关系数和技术导则申报、审核和技术案例评分功能，同时兼具技术案例、野外台站及相关系数和技术导则发布功能，其中技术评价栏目包括评审专家、优秀技术、技术查询和专家评价4部分内容。

4.2　平台主要模块

流域农业面源污染防控技术评价方法与平台模块主要包括 3 个模块（图 4-1）。

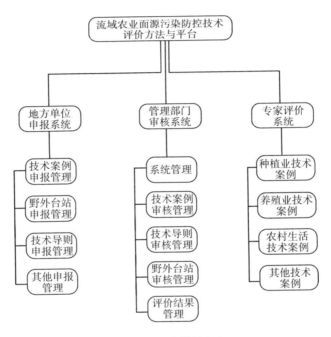

图 4-1　平台模块框架

4.2.1　地方单位申报系统

地方用户账号下主要有技术案例申报管理、野外台站申报管理、技术导则申报管理 3 个模块。

4.2.1.1 技术案例申报管理模块

技术案例申报管理模块包含 3 个菜单：技术案例申报、技术案例申报记录、技术案例评价结果。在技术案例申报菜单下，地方单位可进行技术案例填报、提交管理部门进行审核；在技术案例申报记录菜单下，在此菜单下可以对未提交的技术案例进行查看、编辑、删除，对提交的技术案例进行查看，对驳回的技术案例进行修改；在技术案例评价结果菜单下可以查看技术案例评价结果，包括就绪度和评价分数。

地方单位技术案例申报：内容填写包括技术目录、技术介绍、技术就绪度评价、技术评价信息。

技术目录界面中可以填报技术案例基本信息包括核心技术分类、关键技术分类、所属流域、技术名称、技术依托单位、联系人、联系方式、技术内容简介、适用范围等（图 4-2）。

图 4-2　技术案例申报技术目录界面

技术介绍界面中包括基础原理、工艺流程、技术创新点及主要技术经济指标、实际应用案例、相关项目（课题）编号及起止时间（图4-3）。

图4-3　技术案例申报技术介绍界面

技术就绪度评价界面中包括技术推广规模、技术污染削减效果、技术认可方式和相应的证明材料（图4-4）。

技术评价信息界面中包括以下指标：运行管理难易度、技术故障、节约资源、使用寿命、TP入河削减效果、占地面积、投资、生产率影响、TN入河削减效果、运行费、技术收益、COD$_{cr}$入河削减效果、二次污染和职业健康（图4-5）。

地方单位按顺序依次填报技术目录、技术介绍、技术就绪度评价、技术评价信息等全部信息后，点击提交即完成申报。

地方部门完成申报后，管理部门点击技术案例申报管理，进入

图4-4 技术案例申报技术就绪度评价界面

图4-5 技术案例申报技术评价信息界面

技术案例申报管理列表详情显示界面。点击审核按钮，进入技术案例申报信息录入界面查看用户填写的申报信息，全部查看完毕后，在最后一页选择就绪度等级。选择等级后，会弹出提示框，如选择等级低于6级，需要填写驳回理由。驳回后，地方单位根据要求进行修改或补充相关材料，直至符合要求，再次进行提交，管理部门再次进行审核。如选择等级高于6级，点击确认即可完成审核。审核通过后，管理部门选择相关专家进行评分，限定评价结束时间，评分完成后，可以发布该技术案例，也可撤销。

查看申报信息以及评价信息，也可以将准则导出为文本（图4-6）。

图4-6　农业面源关键技术就绪度评价标准界面

4.2.1.2　野外台站申报管理模块

地方部门点击野外台站申报管理，点击野外台站申报记录进入野外台站管理内容界面，点击新增野外台站，出现录入信息页面（图4-7）。

在野外台站申报管理模块需要添加如下内容：台站名称、流域、技术验证区、台站位置、验证内容、方案设计概述、环境监测7项指标。

全部信息都录入完毕后，点击保存，保存后状态变为待申请。待申请状态下可查看、编辑、删除。待所有信息都录入完毕后，点击提交，提交后状态变为待审核。待审核状态下仅可查看。

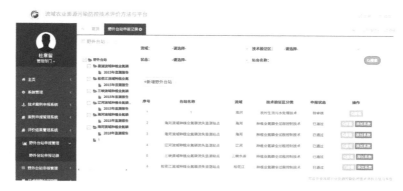

图4-7 野外台站申报界面

地方部门完成申报后，管理部门点击野外台站申报管理，进入申报管理列表详情显示界面。点击审核按钮，进入技术案例申报信息录入界面查看用户填写的申报信息。管理部门可以驳回或通过该申报。驳回：点击驳回按钮，填写驳回理由，点击确认驳回成功。地方单位根据要求修改直至符合要求，提交后，管理部门再次审核。通过：审核监测系数申报信息无误后，点击通过。通过后管理部门可以进行发布，点击确认发布后前台网站野外台站中会显示已发布的台站信息。

基于各监测点提供的径流或者淋溶参数，进一步计算各台站的 N、P 排放系数。经过地方部门上报后，平台管理部门对监测系数进一步审核。

经审核通过的野外台站还要添加相应的系数，监测系数包括流域、技术验证区、台站名称、上报时间、产污系数、排污系数、入河系数（图4-8）。

图4-8　野外台站监测系数界面

4.2.1.3　技术导则申报管理模块

技术导则申报。在技术导则申报管理模块中新建导则页面包括导则类型、导则名称、导则内容3项指标（图4-9）。

点击技术导则申报管理，点击技术导则申报记录进入技术导则管理内容界面，点击新建技术导则进入填报页面。全部信息都录入完毕后，点击保存，保存后状态变为待申报。待申报状态下可查看、编辑、删除。全部信息都录入完毕后，点击提交，提交后状态变为待审核。待审核状态下仅可查看。

技术导则审核。审核监测系数申报信息无误后，点击通过。通过后管理部门可以进行发布，点击确认发布后，前台网站技术导则中会显示已发布的技术导则信息（图4-10）。

图4-9 技术导则申报界面

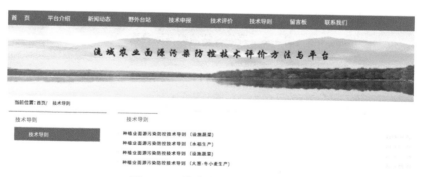

图4-10 技术导则发布后界面

4.2.2 管理部门审核系统

管理部门系统包括系统管理、技术案例审核管理、野外台站审核管理、技术导则审核管理、评价结果管理 5 个模块，管理部门对地方部分申报的技术案例、野外台站参数和技术导则开展审核管理。

4.2.2.1 系统管理模块

该模块包括 4 个部分：用户管理、字典项管理、技术评价指标和日志管理。在用户管理菜单下可进行用户管理，即增加和删减用户（图 4-11）。

图 4-11 用户管理界面

在字典项管理菜单下，可进行编辑或增加字典名称和设置字典编号（图 4-12）。

图 4-12 字典项管理界面

在技术评价指标菜单下，可对权重指标的权重进行设置（图 4-13）。

图 4-13　技术评价指标管理界面

在日志管理菜单下可查看登录和操作日志（图 4-14，图 4-15）。

图 4-14　登录管理界面

图 4-15　操作管理界面

4.2.2.2　技术案例审核管理模块

对技术案例进行审核，进入技术案例申报信息录入界面查看用户填写的申报信息，全部查看完毕后，在最后一页选择就绪度等级。如选择技术等级高于 6 级，管理员可完成审核（图 4-16）。

图 4-16　技术案例审核界面

完成审核后，管理员在系统内选择有关专家在限定的时间内对技术案例进行评分（图 4-17）。

图 4-17　选择专家进行评分界面

4.2.2.3 野外台站审核管理模块

对于野外台站而言，管理部门需要对地方单位提交的野外台站和相关监测系数进行审核，审核通过后就可以发布到网站首页（图4-18，图4-19）。

图4-18 野外台站审核界面

图4-19 野外台站相关监测系数审核界面

4.2.2.4 技术导则审核管理模块

对于技术导则，管理部门对地方单位申报后提交的信息进行审核，审核通过的技术导则可以在网站首页发布（图4-20）。

图4-20 技术导则审核界面

4.2.2.5 评价结果管理模块

查看专家评价完成的相关技术案例，根据需要可发布到门户网站，供用户浏览。

4.2.3 专家评价系统

专家评价系统包括主页和专家评价系统两大模块，专家在专家技术案例评价结果中对管理部门分配的待评分技术案例在管理部门限定的时间内进行评分。专家按管理部门分配的任务在限定的时间内完成技术案例评分。评分指标共有 14 项，各项指标分数 ≥ 100（图 4-21）。

图 4-21　专家技术案例评价界面

4.3　平台数据输入

种植业 5 个 N、P 流失监测站点（巢湖流域、松花江流域、海河流域、三峡流域、辽河流域）及其监测系数、种植业 4 个技术导则（水稻生产、设施蔬菜生产、大葱-冬小麦生产、冬小麦-夏玉米生产）、农村生活污水 2 个技术导则、养殖业（养鸡、生猪、奶牛）3 个技术导则已通过审核发布在网站首页。技术案例已添加 15 个，相关材料仍在收集补充中，进一步完善后，提交审核，组织专家打分。优秀技术案例将发布在网站首页（图 4-22，图 4-23，图 4-24）。

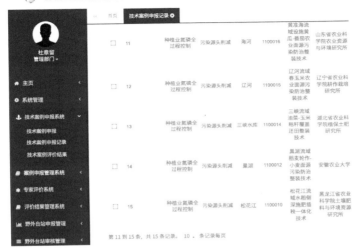

图 4-22　技术案例录入记录界面

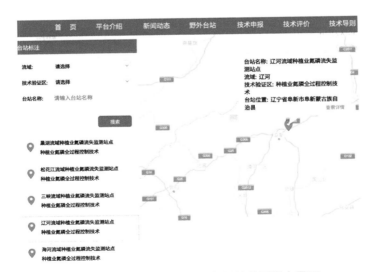

图 4-23　野外平台及监测数据网站首页发布界面

图 4-24　技术导则网站首页发布界面

4.4　平台登录界面

在工作状态时，输入网址（http：//ieda. live/watershed）进入登录页面，输入用户名、密码、验证码进行登录，对应进入用户版本、管理员版本及专家版本运行界面（图 4-25）。

图 4-25　平台用户登录界面

第五章　农业面源污染防控技术评价

从技术层面来讲，自"十一五""十二五"以来，以国家"水专项"为支撑，我国在农业面源污染防治（包括种植业、养殖业、农村生活源污染物治理）新技术的研发与工程示范方面，取得了快速的发展，研发了不少农业面源污染防治方面的技术。这些技术在源头减量、过程拦截、末端治理等各个环节均取得了较好的效果。在实际生产实践中，鉴于不同面源污染防控技术的经济效益、生态效益和环境效益差异较大，不同地区在不同类型农业面源污染防治中，为选择适宜的技术，需对相关技术进行综合比较与遴选。农业面源污染防治技术评价指标体系需考虑技术的经济效益、环境效益和技术适用性等方面。国内外关于适应性研究已从单一系统发展到耦合多系统的综合研究。根据适应性研究方法及应用，结合农业面源污染防控整装技术评价指标，本书选取层次分析法作为农业面源污染防控整装技术适应性评价方法。层次分析法是美国著名运筹学家 Saaty 教授于 20 世纪 70 年代提出的一种定性与定量相结合的决策方法。迄今，有关对农业面源污染防治技术评价和筛选的研究相对较少，特别是农业面源污染防治技术涉及环境效益、经济效益等多个方面，目前尚未形成一套比较完善的指标体系和适用的评价方法。

5.1　基于层次分析法的三维技术评价原则

5.1.1　"三维"（技术、经济和环境）层次分析法

层次分析法是一种应用广泛的多指标决策工具（李梁等，2019），是在对复杂的决策问题本质、影响因素及其内在关系等进

行深入分析的基础上，利用较少的定量信息使决策的思维过程数学化，从而为多目标、多准则或无结构特性的复杂决策问题提供简便的决策方法。尤其是对于兼有定性因素和定量因素的系统问题，能较简单地进行综合评价和最佳方案决策（汤超，2021）。

层次分析法首先将整个系统划分为目标、准则和方案 3 个层次，然后对方案进行相互比较，运用矩阵形式判断，做出相应评价，最后进行综合评价排出各方案的优劣次序。在指南编制时需要将层次分析法与指标体系相结合，从技术的经济效益、环境效益和适用性等方面深入分析，建立农业面源污染防治技术综合评价指标体系，在指标体系建立过程中尽可能选择可量化的指标以提高评价的定量性，最终形成有效、可行的农业面源污染防治技术评价方法，为农业面源污染防治技术的合理引进和相关推广提供支撑（李艳苓等，2019）。

5.1.2 技术评价指标体系的建立

农业面源污染防治要考虑的因素有很多，而且各个因素之间产生相互作用，因此，农业面源污染防治技术主要评价指标应具备科学性、完整性、主导性、独立性和动态性。按农业面源污染防治考虑的 3 个主要因素，确定技术评价指标体系可分为经济效益、环境效益和适用性 3 类（李艳苓等，2019）。

技术的经济效益指标主要包括投资、占地面积、运行费等。此外，技术可能带来的经济收益及节约资源也会对技术的经济效益产生影响。技术的环境效益指标重点考虑技术可能存在的环境风险和对农业面源污染物的减排效果，主要包括二次污染和职业健康及该技术对 COD_{cr}、TN 和 TP 的削减效果。对技术的适用性评价主要考虑技术的可靠性和可行性。在可靠性指标中主要考虑技术故障率和对生产的影响率。运行管理难易度和设计使用寿命则是反映技术可行性的因素。

5.1.3 综合评价指标体系

基于技术的经济效益、环境效益和技术适用性，建立农业面源污染防治技术综合评价指标体系（表5-1）。由表5-1可知，指标体系包括4层结构。A层为目标层，为农业面源污染防治技术综合评价。B层为准则层，包括经济效益、环境效益和技术适用性。C层为子准则层，包括与经济效益对应的技术成本和技术效益；与环境效益对应的环境风险和污染减排；与技术适用性对应的技术可靠性和技术可行性。D层为指标层，技术成本类别包括投资、占地面积和运行费3项指标；技术效益类别包括技术收益、节约资源2项指标；环境风险类别包括二次污染和职业健康2项指标；污染减排类别包括TN削减量、TP削减量、COD$_{cr}$削减量3项指标，技术可靠性类别包括技术故障率、生产影响率2项指标，技术可行性类别包括运行管理难易度、使用寿命2项指标。

表5-1 农业面源污染防治技术综合评价指标体系

目标层	准则层	子准则层	指标层	属性
A农业面源污染防治技术综合评价	B$_1$经济效益	C$_1$技术成本	D$_1$投资，元	定量
			D$_2$占地面积，m^2	定量
			D$_3$运行费，元	定量
		C$_2$技术效益	D$_4$技术收益，元	定量
			D$_5$节约资源，元	定量
	B$_2$环境效益	C$_3$环境风险	D$_6$二次污染	定性
			D$_7$职业健康	定性
		C$_4$污染减排	D$_8$ TN削减量，kg	定量
			D$_9$ TP削减量，kg	定量
			D$_{10}$ COD$_{cr}$削减量，kg	定量
	B$_3$技术适用性	C$_5$技术可靠性	D$_{11}$技术故障率	定性
			D$_{12}$生产影响率	定性
		C$_6$技术可行性	D$_{13}$运行管理难易度	定性
			D$_{14}$使用寿命，a	定量

5.1.4 技术评价模型构建

技术评价模型构建的过程包括：依据层次分析法对指标进行分层，构建判断矩阵计算不同层次的权重；利用权重和专家打分确定最终的分数，判断技术的可行性。

5.1.4.1 判断矩阵构造与指标权重确定

建立技术的评价指标体系后，从层次结构模型的第 2 层开始，对同一层次要素之间的重要性进行两两比较，直到最下层。在建立了递阶层次模型基础上构造判断矩阵，通过判断矩阵表述每一层各要素相对其上层某要素的相对重要程度，这一过程结合应用专家调查法对评价指标的相对重要性进行评估。所构造的判断矩阵如下：

$$A = \begin{bmatrix} a_{11} & \cdots & a_{1j} & \cdots & a_{1n} \\ \vdots & & \vdots & & \vdots \\ a_{i1} & \cdots & a_{ij} & \cdots & a_{in} \\ \vdots & & \vdots & & \vdots \\ a_{n1} & \cdots & a_{nj} & \cdots & a_{nn} \end{bmatrix} \qquad (5-1)$$

式中，a_{ij} 为要素 a_i 相对于 a_j 重要程度的数值，即重要性的标度；i，j 均为要素序号，i，$j=1$，2，$\cdots$，n。通常 a_{ij} 取 1，2，$\cdots$，9 或其倒数：$a_{ij}=1$，3，5，7，9 分别表示 a_i 和 a_j 一样重要，a_i 比 a_j 稍微重要，a_i 比 a_j 明显重要，a_i 比 a_j 强烈重要，a_i 比 a_j 绝对重要；$a_{ij}=2$，4，6，8 及各数的倒数也具有相应的类似意义。

对每个判断矩阵进行一致性检验以便确定合理的权重。构造 B 层相对于 A 层的判断矩阵 $A-B$（表 5-2）。

表 5-2　B 层相对于 A 层的判断矩阵 A-B

A	B_1	B_2	B_3
B_1	1	1/3	2
B_2	3	1	5

（续表）

A	B_1	B_2	B_3
B_3	1/2	1/5	1

判断矩阵一致性的公式如下：

$$CR = CI/RI = (\lambda_{max} - n)/[n-1] \times RI \qquad (5-2)$$

式中，n 为判断矩阵阶数；CR 为一致性比率；RI 为随机一致性指标；查表可知，当 $n=3$ 时，$RI=0.58$。由表 5-3 归一法求得最大特征根 $\lambda_{max}=3.0037$，相应的特征向量即为准则层 B 中 3 个要素 B_1、B_2、B_3 的权重（W_B），分别为 0.2297、0.6483 和 0.1220。由式（5-2）可知，当 $n=3$，$CI=0.0018$ 时，计算得到 $CR=0.0036$，由于 $CR<0.1$，则 $A-B$ 矩阵具有满意一致性，W_B 中的权重可以应用。同理，对其他各层的因素依其重要性构造判断矩阵，并检验其一致性，最终确定 B 层、C 层、D 层的权重 W_B、W_C、W_D 及 D 层对 A 层的权重 W_{DA}（表 5-3）。

表 5-3　技术评价指标体系各层要素的权重

B 层		C 层		D 层		W_{DA}
要素	W_B	要素	W_C	要素	W_D	
B_1经济效益	0.2383	C_1技术成本	0.4295	D_1投资	0.5765	0.0590
B_2环境效益	0.6326	C_2技术效益	0.5705	D_2占地面积	0.1641	0.0168
B_3技术适用性	0.1291	C_3环境风险	0.3478	D_3运行费	0.2755	0.0282
		C_4环境效益	0.6522	D_4技术收益	0.6046	0.0822
		C_5可靠性	0.3778	D_5节约资源	0.3832	0.0521
		C_6可行性	0.6222	D_6二次污染	0.6349	0.1397
				D_7职业健康	0.3750	0.0825
				D_8TN 削减量	0.3248	0.1340
				D_9TP 削减量	0.1917	0.0791
				$D_{10}COD_{cr}$削减量	0.4782	0.1973

（续表）

B 层		C 层		D 层		W_{DA}
要素	W_B	要素	W_C	要素	W_D	
				D_{11}技术故障率	0.639 7	0.031 2
				D_{12}生产影响率	0.381 4	0.018 6
				D_{13}运行管理难易度	0.588 9	0.047 3
				D_{14}使用寿命	0.398 4	0.032 0

5.1.4.2　综合评价与结果判定

根据表5-3的权重，结合相关领域专家打分的方式对各层要素进行评分，按下式计算技术在技术评价模型不同层的得分（E_m）：

$$E_m = \sum C_{mi} \times W_{mi} \quad (i=1, 2, \cdots, n) \quad (5\text{-}3)$$

式中，C_{mi}为 m 层第 i 项要素的专家评分，W_{mi} 为 m 层第 i 项要素的权重，E_m 为 m 层的评价值。

A 层技术综合评价值 E_A 的计算公式：

$$E_A = \sum C_{Di} \times W_{DA} \quad (i=1, 2, \cdots, n) \quad (5\text{-}4)$$

根据 E_A 判断技术评价等级的标准：E_A 为 6~7 时，等级为差；E_A 为 7~8 时，等级为中；E_A 为 8~9 时，等级为良；E_A 为 9~10 时，等级为优。

5.1.5　技术评价方法的应用

以种植业面源污染防治技术、畜禽养殖业面源污染防治技术和农村生活污水治理技术这3类面源污染防治技术为例，进行技术评价方法的应用研究。收集待评价技术的相关资料，从中提取待评价技术各项指标的基础数据，结合相关技术领域专家打分的方式获取每项技术的数据资料。

5.1.5.1　种植业面源污染防治技术评价

对生态拦截技术、生物活性炭施用控制养分流失技术进行评价。生态拦截技术系统主要是通过坡种草、岸种柳、沟塘种植水生植物和设置多级拦截坝来固定坡岸和拦截泥沙，降低水体中的 N、P 浓度，是一种低投资、低能耗、低处理成本的污水生态处理技术。生物活性炭施用控制养分流失技术通过生物质炭与不同肥料配施的方法来降低农田面源中 N、P、K 等养分的流失。

分析上述 2 项技术的资料，从中提取与各评价指标相关的数据。对于信息缺乏暂时无法获得的某些指标，采用专家咨询的方式赋值，并根据经验进行合理估算（表 5-4）。

表 5-4 2 项种植业面源污染防治技术评价结果

B 层	要素	W_{DA}	生态拦截技术			生物活性炭施用控制养分流失技术		
			C_{Di}	E_{DA}	E_{BA}	C_{Di}	E_{DA}	E_{BA}
B₁ 经济效益	D_1 投资	0.059 0	6.0	0.354 1	1.592 1	7.8	0.460 4	1.821 1
	D_2 占地面积	0.016 8	7.0	0.117 7		9.4	0.158 0	
	D_3 运行费	0.028 2	6.4	0.180 6		8.0	0.225 7	
	D_4 技术收益	0.082 2	7.0	0.575 2		7.2	0.591 6	
	D_5 节约资源	0.052 1	7.0	0.364 5		7.4	0.385 3	
B₂ 环境效益	D_6 二次污染	0.013 9	8.8	1.229 1	5.277 9	8.8	1.229 1	5.148 4
	D_7 职业健康	0.082 5	8.8	0.725 6		8.8	0.725 6	
	D_8 TN 削减量	0.134 0	8.0	1.072 8		7.8	1.046 0	
	D_9 TP 削减量	0.079 1	8.0	0.632 5		8.2	0.648 2	
	D_{10} CODcr 削减量	0.197 3	8.2	1.617 9		7.6	1.499 5	
B₃ 技术适用性	D_{11} 技术故障率	0.031 2	6.6	0.205 7	0.928 8	8.0	0.249 4	1.039 0
	D_{12} 生产影响率	0.018 6	7.8	0.145 4		7.8	0.145 4	
	D_{13} 运行管理难易度	0.047 3	6.8	0.321 6		7.8	0.368 9	
	D_{14} 使用寿命	0.032 0	8.0	0.256 1		8.6	0.275 3	
E_A			7.798 8			8.008 5		

由表 5-4 可知，2 项技术的 E_A 分别为 7.798 8 和 8.008 5，技术评价等级分别为中和良。由 E_{BA} 可知，2 项技术在环境效益方面差异不大，但生物活性炭施用控制养分流失技术属于源头污染控制技术，一次性投资省，占地小，年运行成本较少，具有较好的推广应用前景。

5.1.5.2 畜禽养殖业面源污染防治技术评价

对玉米秸秆微生物发酵床生猪养殖污染控制技术、上流式厌氧污泥床（UASB）+序批式活性污泥反应器（SBR）处理技术进行评价。玉米秸秆微生物发酵床生猪养殖污染控制技术将粉碎的玉米秸秆和垫料发酵剂按一定比例掺拌并调整水分堆积发酵后铺垫猪舍，使垫料形成以有益菌为强势菌的生物发酵垫料，由于垫料中的有益菌以生猪粪尿为营养，通过调整养殖密度使生猪粪尿得到充分分解，猪舍废旧垫料可以转化成有机肥从而实现零排放。UASB+SBR 法处理废水工艺是将 UASB 和 SBR 单元组合，将 UASB 作为整个废水达标排放的预处理单元，在降低废水浓度的同时，可回收所产沼气作为能源利用；该技术充分发挥了每个处理单元的优点，使处理流程简洁，节省了运行费用。由此，可对 2 项技术进行评价（表 5-5）。

表 5-5　2 项畜禽养殖业面源污染防治技术评价结果

B 层	要素	W_{DA}	玉米秸秆微生物发酵床生猪养殖污染控制技术			UASB+SBR 处理技术		
			C_{Di}	E_{DA}	E_{BA}	C_{Di}	E_{DA}	E_{BA}
B₁ 经济效益	D_1 投资	0.059 0	8.4	0.495 8	2.101 1	5.8	0.342 3	1.563 1
	D_2 占地面积	0.016 8	8.8	0.147 9		6.0	0.100 9	
	D_3 运行费	0.028 2	9.2	0.259 6		4.6	0.129 8	
	D_4 技术收益	0.082 2	9.0	0.739 5		6.6	0.542 3	
	D_5 节约资源	0.052 1	8.8	0.458 2		8.6	0.447 8	

（续表）

B 层	要素	W_{DA}	玉米秸秆微生物发酵床生猪养殖污染控制技术			UASB+SBR 处理技术		
			C_{Di}	E_{DA}	E_{BA}	C_{Di}	E_{DA}	E_{BA}
B₂ 环境效益	D₆ 二次污染	0.013 9	9.6	1.340 8	5.646 2	6.8	0.921 8	4.427 3
	D₇ 职业健康	0.082 5	8.6	0.709 1		7.8	0.643 2	
	D₈ TN 削减量	0.134 0	8.8	1.180 1		6.8	0.911 9	
	D₉ TP 削减量	0.079 1	8.6	0.679 9		7.2	0.569 2	
	D₁₀ COD_cr 削减量	0.197 3	8.8	1.736 3		7.0	1.381 3	
B₃ 技术适用性	D₁₁ 技术故障率	0.031 2	5.8	0.180 8	0.754 0	8.8	0.274 3	1.092 0
	D₁₂ 生产影响率	0.018 6	5.6	0.104 4		8.8	0.164 0	
	D₁₃ 运行管理难易度	0.047 3	6.8	0.321 6		8.0	0.378 4	
	D₁₄ 使用寿命	0.032 0	6.4	0.147 3		8.0	0.275 3	
E_A			8.501 3			7.082 4		

由表 5-5 可知，2 项技术的 E_A 分别为 8.501 3 和 7.082 4，技术评价等级分别为良和中。由 E_{BA} 可知，玉米秸秆微生物发酵床生猪养殖污染控制技术与 UASB+SBR 处理技术相比，在环境效益和经济效益方面具有较大优势，具有一次性投资省、占地小、年运行成本较少、二次污染相对较小的特点；但 UASB+SBR 处理技术运行较为稳定可靠，对养殖业生产影响较小。具体应用时，可根据所在养殖区域的具体需求进行技术的选择。

5.1.5.3 农村生活污水治理技术评价

对厌氧-土壤净化床处理技术、厌氧-跌水充氧接触氧化-人工湿地处理技术进行评价。厌氧-土壤净化床处理技术是将污水进行厌氧微生物处理后，再通过土壤净化床进行强化处理。厌氧-跌水充氧接触氧化-人工湿地处理技术由厌氧池、跌水充氧接触氧化池和人工湿地串联组成。其中厌氧池为预处理单元；接触氧化池利用提升泵的剩余扬程，使污水从高处多级跌落而自然复氧，去除有机物和氨氮；人工湿地系统可去除有机物和 N、P 营养物，保证出水水质达标排放。由此，可对 2 项技术进行评价（表 5-6）。

表 5-6　2 项农村生活污水治理技术评价结果

B 层	要素	W_{DA}	厌氧-土壤净化床处理技术			厌氧-跌水充氧接触氧化-人工湿地处理技术		
			C_{Di}	E_{DA}	E_{BA}	C_{Di}	E_{DA}	E_{BA}
B₁经济效益	D_1投资	0.059 0	7.8	0.460 4	1.8020	6.8	0.401 3	1.661 0
	D_2占地面积	0.016 8	7.6	0.127 8		7.0	0.117 7	
	D_3运行费	0.028 2	7.6	0.214 4		6.8	0.191 9	
	D_4技术收益	0.082 2	7.6	0.624 5		7.0	0.575 2	
	D_5节约资源	0.052 1	7.2	0.374 9		7.2	0.374 9	
B₂环境效益	D_6二次污染	0.013 9	7.6	1.061 5	5.184 9	7.4	1.033 6	5.076 2
	D_7职业健康	0.082 5	8.0	0.659 7		8.4	0.692 6	
	D_8TN 削减效果	0.134 0	8.4	1.126 4		8.2	1.099 6	
	D_9TP 削减效果	0.079 1	8.6	0.679 9		8.0	0.632 5	
	$D_{10}COD_{cr}$削减效果	0.197 3	8.4	1.657 4		8.2	1.617 9	
B₃技术适用性	D_{11}技术故障率	0.031 2	7.2	0.224 4	0.948 2	6.8	0.212 0	0.919 9
	D_{12}生产影响率	0.018 6	7.0	0.130 4		7.0	0.130 4	
	D_{13}运行管理难易度	0.047 3	7.4	0.350 0		7.2	0.340 5	
	D_{14}使用寿命	0.032 0	7.6	0.243 3		7.4	0.236 9	
E_A			7.935 1			7.657 1		

由表 5-6 可知，2 项技术的 E_A 分别为 7.935 1 和 7.657 1，技术评价等级均为中。由 E_{BA} 可知，2 项技术的工艺具有很高的相似性，前端、后续均分别采用厌氧处理技术、好氧生物处理技术，只不过具体净化工艺有差异，所以在技术可推广性的评价分值上差别不大，但厌氧-土壤净化床处理技术在环境效益、经济效益和技术

适用性方面均稍好于厌氧-跌水充氧接触氧化-人工湿地处理技术。

5.1.6　相关结论与建议

针对农业面源污染防治技术特点，建立了包含经济效益、环境效益和技术适用性 3 方面共 14 项评价指标的指标体系：经济效益主要包括投资、占地面积、运行费、技术收益及节约资源 5 项指标；环境效益包括二次污染、职业健康及 COD_{cr} 削减量、TN 削减量和 TP 削减量 5 项指标；技术适用性包括技术故障率、对生产影响率、运行管理难易度和使用寿命 4 项指标。将指标体系与 AHP 相结合建立基于层次分析法的农业面源污染防治技术评价体系，由不同层各指标的权重，结合相关领域专家打分，计算技术不同层的得分及 A 层总得分，以此判定技术的等级。

应用建立的技术评价方法对 3 类共 6 项农业面源污染防治技术进行评价，结果表明，生物活性炭施用控制养分流失技术和生态拦截技术的评价等级分别为中和良，2 项技术在环境效益方面差异不大；玉米秸秆微生物发酵床生猪养殖污染控制技术和 UASB+SBR 处理技术的评价等级分别为良和中，玉米秸秆微生物发酵床生猪养殖污染控制技术与 UASB+SBR 处理技术相比，在环境效益和经济效益方面具有较大优势，但 UASB+SBR 处理技术运行较为稳定可靠；厌氧-土壤净化床处理技术、厌氧-跌水充氧接触氧化-人工湿地处理技术的评价等级均为中，2 项技术的工艺具有很高的相似性，但厌氧-土壤净化床处理技术在环境效益、经济效益和技术适用性方面均稍好于厌氧-跌水充氧接触氧化-人工湿地处理技术。

在评价过程中发现，所建立的技术评价方法适用于同类型农业面源污染防治技术中不同单项技术的对比和筛选，但不适用于分析单项技术的绝对效果；该评价方法依据专家打分体系进行信息采集，因此采集的样本数量和专家的主观判断影响技术评价的最终得分和结果；该评价方法采用数学化的形式将技术归一化，在赋值过程中会产生一定绝对误差，同时，计算过程中存在的计算误差也会使最终结果产生相对误差。因此，在后续研究中尚需进一步完善该技术的评价方法。

5.2 种植业面源污染防控整装技术就绪度分析

5.2.1 种植业整装技术简介

针对松花江、辽河、海河、巢湖流域及三峡库区稻田面源污染严重、防治技术缺乏组装联动、推广困难，小麦面源污染防治技术分散、缺乏组装集成、推广困难以及菜地面源污染防治技术分散、缺乏组装等问题，"十二五"水专项研发集成整装技术14项，水专项的实施形成了农田种植业全程控 N 减 P 成套技术，克服了面源污染只重视末端治理的旧模式，建立了源头减量–过程拦截–末段循环同步进行的系统技术体系，"防""治"并重，面源污染控制效果更明显。"十二五"期间水专项相关课题以区域种养结合、整装集成成套技术为思路，重点突破农田养分控流失，种植方式、施肥种类和施肥模式相结合，旱作区水田肥水精量控制与清洁生产等技术，进行规模化示范，并在几大流域构建农业清洁小流域样板工程，为水污染防治行动计划农业面源污染防治的实施提供有力支撑。

根据表 3–1 中所列出的技术就绪度的级别划分标准，以达到其中一项即可判定升级为主线、兼顾考虑同一级别中的其他划分标准，综合评定其技术就绪度的等级，得到种植业污染控制技术就绪度（表 5–7）。

表 5–7　种植业减 N 控 P 与废弃物循环利用的关键技术就绪度

序号	技术名称	就绪度等级
1	巢湖流域设施辣椒农业面源污染防治整装技术	6
2	巢湖流域水稻侧深施肥插秧一体化技术	6

序号	技术名称	就绪度等级
3	巢湖流域稻麦轮作–水稻农业面源污染防治整装技术	7
4	巢湖流域设施芹菜农业面源污染防治整装技术	6
5	辽河流域单季稻田面源污染控制整装技术	7
6	辽河流域春玉米农业面源污染防治整装技术	6
7	辽河流域花生农业面源污染防治整装技术	6
8	松花江流域水稻施肥插秧一体化技术	7
9	松花江流域玉米面源污染控制整装技术	6
10	三峡流域水稻–油菜轮作农田面源污染限肥控排防控技术	7
11	三峡流域油菜–玉米秸秆覆盖还田整装技术	6
12	海河流域大葱农业面源污染防治整装技术	6
13	海河流域小麦–玉米轮作农业面源污染防治整装技术	7
14	黄淮海流域设施黄瓜–番茄农业面源污染防治整装技术	7

5.2.1.1　巢湖流域设施辣椒农业面源污染防治整装技术

技术核心：设施辣椒是巢湖流域种植的主要设施蔬菜之一。针对巢湖设施辣椒化肥投入量高、大水漫灌而造成的农业面源污染，研发了巢湖流域设施辣椒膜下水肥一体化技术，具有减少径流氮磷排放、降低温室气体排放、减少杂草发生、节水、提高产量等效果。该技术的核心是将可溶性固体肥料或液体肥料按照土壤实际养分含量及作物种类需肥规律兑成肥液，再与灌溉水同时通过压力系统及可控管道系统形成滴灌，用肥水可控的浸润作物根系生长区域，准确地将肥水直接输送到作物根部周围的土壤中，提高肥水控制的精确性。由于滴灌系统上面有黑色地膜，大大抑制了杂草的生长，免除了人工除草的成本及化学除草的污染，且 CO_2 和 N_2O 的排放通量比常规种植模式大大降低。

工艺流程：河水灌溉＋设施辣椒源头减量技术＋水肥一体化精

确肥水控制技术+黑色地膜覆盖抑制杂草技术。

关键技术：设施辣椒化肥投入减量技术；水肥一体化精确肥水控制技术；黑色地膜覆盖抑制杂草技术。

技术来源：自主研发集成。

实际应用案例：2017—2018 年，安徽省农业生态环境总站在巢湖周边区域进行示范应用，示范面积 600 亩，带动周边 3 000 多亩。该技术较常规水肥模式在减少氮磷肥施用量 30%~40%的基础上，辣椒产量提高 30%以上。由于采用水肥一体化精确肥水控制技术，按照土壤实际养分含量及作物种类需肥规律将可溶性固体肥料或液体肥料兑成肥液，再与灌溉水同时通过压力系统及可控管道系统形成滴灌，用肥水可控的浸润作物根系生长区域，准确地将肥水直接输送到作物根部周围的土壤中，提高肥水控制的精确性，无径流排放，节水的同时又提高肥料利用率。黑色地膜覆盖抑制杂草生长，减少人工和除草剂的投入，同时病虫害发生率大大降低，减少农药使用，因此有显著的经济效益和环境效益。

根据技术就绪度分级标准，该技术已通过技术工程示范，形成初步的完备的工艺流程，目前定级为技术就绪度 6 级。

技术信息咨询联系单位及联系人

联系单位：安徽农业大学

联系人：李学德　汤婕

5.2.1.2　巢湖流域水稻侧深施肥插秧一体化技术

技术核心：针对巢湖流域水田种植面积大、肥药施用量不断增加，利用率不高、水肥耦合能力差等问题而造成农田面源污染日益严重的现象，以氮、磷、水等养分精量使用控污为核心，研发了水稻侧深施肥插秧一体化技术。该技术克服了传统水稻生产中插秧前施肥整地泡田排水导致的养分流失多、多次施肥耗费人工等不足。

关键技术：水稻侧深施肥插秧一体化技术。

技术来源：自主研发集成。

实际应用案例：2016—2018 年，安徽省农业机械技术推广站在安徽省巢湖市、庐江县和凤台县进行集成示范，已在巢湖市推广示范 1 200 亩，在庐江县推广示范 1 620 亩，在凤台县推广示范 1 070 亩。连续三年的生产数据显示，采用该技术，可实现全生育期一次施肥不追肥或只追肥一次，保证产量的同时，氮肥总投入减少 30%，有效减少了肥料向环境中的排放，总氮总磷排放浓度降低 40% 以上。该技术以水稻侧深施肥插秧一体化技术为核心，采用插秧施肥一体机和缓释肥，通过农机农艺完美结合，克服了传统水稻生产中插秧前施肥整地泡田排水导致养分流失多、多次施肥耗费人工的不足。

根据技术就绪度分级标准，该技术已通过技术工程示范，形成初步的完备的工艺流程，目前定级为技术就绪度 6 级。

技术信息咨询联系单位及联系人

联系单位：安徽农业大学

联系人：李学德　李仁杰

5.2.1.3　巢湖流域稻麦轮作-水稻农业面源污染防治整装技术

技术核心：针对巢湖流域水稻种植中因大量施化肥、大水漫灌而导致农田排水中氮磷含量高，从而造成农业面源污染的问题，通过研究比较了炭基肥与常规施肥、优化施肥等 5 种处理的氮磷减排效果、温室气体减排效果及产量，筛选集成了水稻炭基肥施用技术。该技术的核心是炭基肥可以改善土壤结构、提高土壤阳离子交换量，保水保肥；提升土壤有机质、增加土壤有益微生物数量、促进土壤养分循环、提升土壤肥力；生物炭独特的结构组成—较高的孔隙率、较大的比表面积和较强的吸附能力，可吸附固定土壤中的重金属，使其钝化，减少作物吸收，提高作物品质；其含有的氮素形态调控剂可调控氮素形态，减少氮素损失，延长肥效期，从而提高肥料利用率。与常规施肥相比，施用炭基肥，在水稻分蘖期对稻田排水中总氮、总磷的减排率分别为 69.5%、52.1%。因此，炭基肥对减少水稻田的氮磷排放有很好的效果。同时，水稻的产量不受影响，具有很好的推广潜力。

关键技术：水稻侧深施肥插秧一体化技术。

技术来源：自主研发集成。

实际应用案例：2017—2018 年，在巢湖周边采用该整装技术，通过施用炭基肥和生物炭改良剂，减少氮磷施用量 25%~33%，在保持水稻产量稳定情况下，农田氮磷排放较传统种植方式减少 30%~50%，且节水 30%以上，该技术不仅降低了肥料的投入，且降低了人工成本，两年累积推广 2 700 亩，辐射带动周边 10 000 余亩。

根据技术就绪度分级标准，该技术已通过用户验证认可，目前定级为技术就绪度 7 级。

技术信息咨询联系单位及联系人

联系单位：安徽农业大学

联系人：李学德　李仁杰

5.2.1.4　巢湖流域设施芹菜农业面源污染防治整装技术

技术核心：土壤改良剂是一种主要用于改良土壤的物理、化学和生物性质，促进作物养分吸收，使其更适宜于植物生长的物料，它具有保墒和增温作用，可使作物生育期提早，还能改良土壤结构，协调土壤水、肥、气、热及生物之间的关系，提高土壤水肥利用率。地膜覆盖是用薄膜覆盖住土壤表面，可以显著减少水分蒸发，有效提高地面温度，增加有效积温，提升保墒效果，使作物根系深扎，增强作物成活率，延长作物生育期，不仅可提高作物产量品质，还可有效解决寒冷季节作物增产困难问题。巢湖流域设施芹菜优化施肥+土壤改良剂+液态地膜覆盖技术是在综合考虑不同生育阶段的需肥规律，减少 30%肥料施用量的基础上，施用松土促根剂，并喷洒液态地膜，以解决化肥施用量偏高、肥料利用率较低的问题，达到降低面源污染排放的目的。

　　关键技术：优化施肥+土壤改良剂+液态地膜覆盖技术。

　　技术来源：自主研发集成。

　　实际应用案例：2017—2018 年，在巢湖周边采用该整装技术，设施芹菜松土促根+液态地膜整装技术可在不减产的情况下实现肥料利用率平均提高约 9%，农田总氮淋失率减少约 30%，磷素流失减少约 26%。两年累计示范面积 600 亩，带动周边 3 000 多亩。

　　根据技术就绪度分级标准，该技术已通过技术工程示范，形成初步的完备的工艺流程，目前定级为技术就绪度 6 级。

　　技术信息咨询联系单位及联系人

　　联系单位：中国环境科学研究院

　　联系人：韩永伟　高馨婷

5.2.1.5　辽河流域单季稻田面源污染控制整装技术

　　技术核心：针对辽河流域单季稻泡田排水引起的氮磷流失严重、插秧时秸秆残余量大影响机械正常工作、病虫草害防治农药用量较大等问题，整装了增施生物菌剂技术、插秧施肥一体化技术以及性诱剂防治二化螟等关键技术，并在辽河流域盘锦市开展了推广试验。同常规生产方式相比，该项整装技术可在减少约 30% 化肥投入基础上，实现水稻稳产，同时减少氮磷流失 40% 左右，具有良好的环境效益和经济效益。

　　工艺流程：增施生物菌剂技术+插秧施肥一体化技术+性诱剂防治二化螟技术

　　关键技术：增施生物菌剂技术；插秧施肥一体化技术；性诱剂防治二化螟等关键技术。

　　技术来源：自主研发集成。

　　实际应用案例：2017—2018 年，盘锦鼎翔米业有限公司采用该整装技术试验推广 1 000 余亩，同时辐射带动周边 1 万余亩。该技术可实现在减少 30% 的氮肥投入基础上，产量增加 10% 左右，提高肥料利用率 15% 以上，有效减少了肥料向环境中的排放，实现环境效益和经济效益双丰收。辽宁省农科院农业机械化所、省盐碱地利用研究所、省农机技术推广总站领导高度重视，多次深入田间地头采集数据资料。

根据技术就绪度分级标准，该技术已通过用户验证认可，目前定级为技术就绪度 7 级。

技术信息咨询联系单位及联系人
联系单位：中国环境科学研究院
联系人：尚洪磊　熊向艳　韩永伟

5.2.1.6　辽河流域春玉米农业面源污染防治整装技术

技术核心：以免耕为主体的玉米面源污染防控整装技术可以实现秸秆全量还田增肥地力，减少化肥用量、提高肥料利用效率，病虫害前移防控稳定玉米产量，同时减少对人为扰动对土壤的破坏，最大限度保护土壤结构，防止土壤侵蚀、减轻面源污染、育土培肥、提高耕地质量，稳定粮食产量，实现农业可持续发展。该技术集成了少免耕种植、稳产抗逆优新品种引用、化肥减量施用、缓释肥侧位深施、玉米螟虫田外防控及病虫害前移防控等关键技术，实现了春玉米稳产增效、土壤氮磷淋溶减量、玉米秸秆资源高效利用的目的。

工艺流程：少免耕种植技术+春玉米源头减量、缓释肥侧位深施技术+玉米螟虫田外防控及病虫害前移防控技术。

关键技术：少免耕种植技术；春玉米源头减量；缓释肥侧位深施技术；米螟虫田外防控及病虫害前移防控技术。

技术来源：自主研发集成。

实际应用案例：2015—2017 年，阜新蒙古族自治县土壤肥料工作站在阜新蒙古族自治县示范应用该技术，累计示范面积 18 万亩，经省、县专家测产平均产量 690.18 kg·亩$^{-1}$，较项目实施前县平均单产增产 175.85 kg·亩$^{-1}$，按市价 1.80 元·kg^{-1}，亩增效益 316.53 元。同时，每亩地减少化肥施用 5 kg，按市价 3

元·kg^{-1}，亩节约成本 15 元，全县减少生产投入 270 万元。3 年累计节本增收 5 697.54 万元。

根据技术就绪度分级标准，该技术已通过技术工程示范，形成初步的完备的工艺流程，目前定级为技术就绪度 6 级。

技术信息咨询联系单位及联系人

联系单位：辽宁省农业科学院耕作栽培研究所

联系人：侯志研　董智

5.2.1.7　辽河流域花生农业面源污染防治整装技术

技术核心：针对辽河流域的花生主要分布在辽西北等风沙比较严重的地区，花生收获后地表疏松、大面积裸露，常遭受冬春季的强劲季风侵蚀，风蚀已经成为制约花生可持续发展以及农业面源污染的主要因素。同时，为了追求产量，生产中大量施用氮肥不但影响了花生自身的固氮能力，还提升面源污染产生的风险。研发出辽河流域花生农业面源污染防治整装技术，该技术主要集成间作种植、肥料侧深施、优化施肥、作物轮作、叶面施肥、病虫害综合防控等技术，实现了减轻土壤风蚀、种地养地结合、减轻农业面源污染的目标。

工艺流程：间作种植技术—优化施肥、肥料侧深施技术—叶面施肥技术—病虫害综合防控技术。

关键技术：间作种植技术；优化施肥、肥料侧深施技术；叶面施肥技术；病虫害综合防控技术。

技术来源：自主研发集成。

实际应用案例：2015—2017 年，阜新蒙古族自治县土壤肥料工作站在阜新蒙古族自治县示范应用该整装技术，累计示范面积 11 万亩，经省、县专家测产平均产量 248.27 kg·亩$^{-1}$，较项目实施前县平均单产增产 47.46 kg·亩$^{-1}$，按市价 7.00 元·kg^{-1}，亩增效益 332.22 元。同时，每亩地减少化肥施用 10 kg，按市价 3 元·kg^{-1}，亩节约成本 30 元。3 年累计节本增收 3 984.42 万元。

根据技术就绪度分级标准，该技术已通过技术工程示范，形成初步的完备的工艺流程，目前定级为技术就绪度 6 级。

技术信息咨询联系单位及联系人

联系单位：辽宁省农业科学院耕作栽培研究所

联系人：侯志研　董智

5.2.1.8　松花江流域水稻施肥插秧一体化技术

技术核心：针对松花江流域水田种植面积大、肥药施用量不断增加，利用率不高、水肥耦合能力差等问题而造成农田面源污染日益严重的现象，以氮、磷、水等养分精量使用控污为核心，探索将新型肥料、施肥技术、水分管理和机具等要素相结合的节能减排新型稻作模式，开展稻田清洁生产技术集成示范。水稻施肥插秧一体化技术是贯彻农业生产整体预防的环境战略，改善农业生产模式和技术，减少农用化肥，提倡施用缓释肥料，优化耕作技术，减少农业源污染物的产生和排放。用专用机械在插秧同时将缓/控释肥料一次性集中施于秧苗一侧 3~5 cm 处，深度 5 cm，从而形成一个贮肥库逐渐释放养分供给水稻生育的需求，不需要追肥，提高了肥料利用率。

工艺流程：施肥插秧一体化技术。

关键技术：施肥插秧一体化技术。

技术来源：自主研发集成。

实际应用案例：2017 年以来，方正县农业技术推广中心在方正县示范应用该整装技术，累计示范面积 12 万亩，该技术可实现在减少 10% 的氮磷肥投入基础上，平均产量增加 10.8%，氨氮和总磷流失量平均减少 36.5% 和 21.4%。项目实施后，有效推动了水稻生产的机械化和清洁化，降低了当地农业面源污染负荷，而且示范区通过节本增效，实现增收 153 元·亩$^{-1}$。

根据技术就绪度分级标准，该技术已通过技术工程示范，形成初步的完备的工艺流程，目前定级为技术就绪度 6 级。

技术信息咨询联系单位及联系人

联系单位：黑龙江省农业科学院土壤肥料与环境资源研究所

联系人：王玉峰　谷学佳

5.2.1.9　松花江流域玉米面源污染控制整装技术

技术核心：针对松花江流域玉米种植施肥量大，耕作措施不合理，秸秆利用率低等问题，开展东北一季作玉米种植面源污染防控技术，主要采用了优化施肥、采用缓释肥、秸秆还田、深翻等技术，可有效减少氮磷的流失。

工艺流程：优化施肥、采用缓释肥技术+秸秆还田、深翻等技术。

关键技术：优化施肥、采用缓释肥技术；秸秆还田、深翻等技术。

技术来源：自主研发集成。

实际应用案例：2017 年以来，方正县农业技术推广中心在方正县示范应用该整装技术，累计示范面积 1.1 万亩，该技术可实现在减少 10%的氮磷肥投入基础上，平均产量增加 10.8%，氨氮和总磷流失量平均减少 23.2%和 21.3%。项目实施后，有效推动了水稻生产的机械化和清洁化，降低了当地农业面源污染负荷，而且示范区通过节本增效，实现增收 80 元·亩$^{-1}$。

根据技术就绪度分级标准，该技术已通过技术工程示范，形成初步的完备的工艺流程，目前定级为技术就绪度 6 级。

技术信息咨询联系单位及联系人

联系单位：黑龙江省农业科学院土壤肥料与环境资源研究所

联系人：王玉峰　谷学佳

5.2.1.10　三峡流域水稻–油菜轮作农田面源污染限肥控排防控技术

技术核心：本技术包括 6 个方面的关键内容，一是要根据产量和环境效应协调的原则确定肥料限制施用量；二是在限制施用量的基础上，施用秸秆等有机肥，减少化肥的施用量；三是将底施氮肥适当后移至穗肥；四是深施底肥；五是避开雨季和大雨暴雨施肥；六是严格控制泡田水排放。内容一至内容四主要是通过限量施肥、减少化肥施用、后移氮肥、肥料深施等措施，降低底肥期田面水中氮磷浓度，来控制氮磷的流失。内容五主要是通过避免肥期与降水重叠来控制氮磷流失。内容六主要是通过控制刚施肥泡田水的排放来控制氮磷的流失。

工艺流程：源头减量增施有机肥技术+底施氮肥后移技术——底肥深施

关键技术：源头减量增施有机肥技术；底施氮肥后移技术。

技术来源：自主研发集成。

实际应用案例：2016—2018 年，宜昌市农业生态与资源保护站和宜昌市农业环境保护监测站在宜昌市示范应用水稻-油菜轮作农田面源污染限肥控排防控技术，累计示范面积 21 万亩，该技术平均提高氮肥利用率 5.2 个百分点，累计节约氮磷肥（折纯）567 t，节约肥料投入 343 万元，平均能使农田氮素和磷素流失减少35.5% 和 42.6%。安陆市 2017—2018 年推广示范 23 万亩，该技术平均提高氮肥利用率 5.1 个百分点，累计节约氮磷肥（折纯）253 t，节约肥料投入 153 万元，平均能使农田氮素和磷素流失减少37% 和 52%。

根据技术就绪度分级标准，该技术已通过用户验证认可，目前定级为技术就绪度 7 级。

技术信息咨询联系单位及联系人

联系单位：湖北省农业科学院植保土肥研究所

联系人：范先鹏　张富林

5.2.1.11　三峡流域油菜-玉米秸秆覆盖还田整装技术

技术核心：通过控源减排来阻控油菜-玉米种植制氮磷流失，

其中，通过优化施肥（有机肥替代部分化肥+肥料条施+避雨施肥）来从源头控制农田氮磷的流失量；通过玉米、油菜秸秆覆盖还田可增加地表覆盖度，明显地减轻或消除了雨水对土壤表面的打击和冲刷，在降水过程中减弱或延缓了地表结皮的形成，延长了产流的时间，增加了入渗量，加强了渗透性和抗冲性，有效减少水土流失和地表径流发生量，从而降低农田氮磷流失量。该技术主要由优化施肥技术和秸秆覆盖还田技术组合而成。

关键技术：优化施肥技术；秸秆覆盖还田技术。

技术来源：自主研发集成。

实际应用案例：2016—2018 年，宜昌市农业生态与资源保护站在宜昌市示范应用油菜-玉米秸秆覆盖还田整装技术，累计示范面积 25 万亩，该技术平均提高氮肥利用率 4.9%，累计节约氮磷肥（折纯）425 t，节约肥料投入 258 万元，平均使农田氮素和磷素流失减少 17.9% 和 22.2%。

根据技术就绪度分级标准，该技术已通过技术工程示范，形成初步的完备的工艺流程，目前定级为技术就绪度 6 级。

技术信息咨询联系单位及联系人

联系单位：湖北省农业科学院植保土肥研究所

联系人：张富林　范先鹏

5.2.1.12　海河流域大葱农业面源污染防治整装技术

技术核心：针对大葱/小麦轮作中存在的有机肥施用不当、秸秆利用不合理、施肥过量，尤其是氮肥超过作物需肥量的 4 倍以上，以及肥料运筹不合理等问题，造成了土壤有机质累积慢，养分损失（径流和气体排放）严重，对土壤、大气和水环境均产生不良影响。技术通过大葱前茬作物—小麦秸秆收获时机械粉碎还田增碳，实现秸秆资源化和肥料化；并通过大葱季增施腐熟有机肥或商品有机肥，以增加土壤固碳、促进养分元素循环、提高土壤肥力。养分资源管理方面，综合考虑作物不同生育阶段需肥规律，综合考虑环境（灌溉和降水）养分带入量，并通过土壤养分的实时监测，严格控制肥料用量，并在两季作物上合理分配，从而避免生产中的上述问题。技术的应用可以实现菜田土壤固碳减排和作物增产增效的双赢。

关键技术：秸秆还田+优化施肥技术；精准施肥技术。

技术来源：自主研发集成。

实际应用案例：2016—2018 年，济南市土壤肥料站在济南市章丘区进行示范推广，累计示范面积 1.2 万亩，大葱小麦分别平均增产 7.5% 和 4.2%。该技术的应用氮肥减施 33%，磷肥减施 40%，肥料投入节本 89.6 万元，肥料利用率平均提高 8.5%；农田总氮淋失率减少 29.4%，磷素流失率减少 25%，平均增产 538 kg·亩$^{-1}$，亩增收 539.7 元，共计增效 710.3 万元。

根据技术就绪度分级标准，该技术已通过用户验证认可，目前定级为技术就绪度 7 级。

技术信息咨询联系单位及联系人

联系单位：山东省农业科学院农业资源与环境研究所

联系人：江丽华　徐钰

5.2.1.13　海河流域小麦-玉米轮作农业面源污染防治整装技术

技术核心：针对海河流域降水不能满足现行种植结构、地下水超采严重等问题，项目在提高水肥生产力等方面开展技术突破，提出冬小麦-夏玉米轮作减氮滴灌水肥一体化技术。与传统的管理方式相比，水肥一体化技术可以根据作物需求通过滴灌系统将水肥施入作物根区，使水分和养分在土壤中均匀分布，达到农田局部集中施肥和灌水的效果，以保证养分被根系快速吸收，减少了气体损失和肥料淋失，大幅度地提高了肥料的利用率，大大降低了因过量施肥而造成的水体污染问题。

关键技术：减氮滴灌水肥一体化技术。

技术来源：自主研发集成。

实际应用案例：2016—2018 年，衡水市农业技术推广站在河北衡水市开展应用示范，累计示范面积 3 万亩，通过采用该整装技术，可实现在减少约 30% 的氮肥投入的基础上，产量增加 5%，肥料利用率平均提高 5.3%；农田 N、P 淋失率减少 32%，同时达到省工的效果，小麦－玉米周年亩节约成本 450 元，总计节约成本 1 350 万元。

根据技术就绪度分级标准，该技术已通过用户验证认可，目前定级为技术就绪度 7 级。

技术信息咨询联系单位及联系人

联系单位：中国农业科学院农业环境与可持续发展研究所

联系人：郝卫平　李昊儒

5.2.1.14　黄淮海流域设施黄瓜－番茄农业面源污染防治整装技术

技术核心：生产中化肥施用量偏高，造成肥料施用量（尤其是氮肥）远远高于作物需求量，并且传统蔬菜栽培模式中多采取一水一肥、大水漫灌的方式，使得蔬菜土壤氮素淋洗损失量可占氮素投入总量的 32%～77%，造成地下水 NO_3^--N 含量超标。此外，大水漫灌导致土壤含水量高，作物根系缺氧，阻碍植株的正常生长；而大棚空气湿度大，病虫害频发，进而导致农药的过量使用。研发以水肥一体化的形式实现提高肥料利用率、降低生产成本，促进农民增收的目的。

关键技术：水肥一体化技术。

技术来源：自主研发集成。

实际应用案例：2016—2018 年，德州市土壤肥料工作站在德州市开展应用示范，累计示范面积 1.1 万亩，番茄年均增产 8.5%，亩均增产 670 kg，技术应用肥料成本每亩节约 210 元·a^{-1}。技术的应用可实现在减少 46.7% 的氮肥和 25% 磷肥投入的基础上，番茄年均增产 8.5%，肥料利用率平均提高 28.1%；农田氮和磷淋失率减少 28% 和 26%。肥料投入节本 210 元·亩$^{-1}$，年均增产 670 kg·亩$^{-1}$，增收 1 474 元·亩$^{-1}$，共计增效 1 366 万元，总计节约成本 1 350 万元。

根据技术就绪度分级标准，该技术已通过用户验证认可，目前定级为技术就绪度 7 级。

技术信息咨询联系单位及联系人

联系单位：山东省农业科学院农业资源与环境研究所

联系人：江丽华　徐钰

5.2.2　种植业整装技术打分

将表 5-7 中所列出的技术按照就绪度 6 级以上的级别划分，进行评分（表 5-8）。

表 5-8　农业面源污染控制技术评分结果汇总

序号	技术名称	就绪度等级	综合总分值
1	巢湖流域设施辣椒农业面源污染防治整装技术	6	72.3
2	巢湖流域水稻侧深施肥插秧一体化技术	6	76.2
3	巢湖流域稻麦轮作-水稻农业面源污染防治整装技术	7	72.4
4	巢湖流域设施芹菜农业面源污染防治整装技术	6	74.6
5	辽河流域单季稻田面源污染控制整装技术	7	77.3
6	辽河流域春玉米农业面源污染防治整装技术	6	67.9
7	辽河流域花生农业面源污染防治整装技术	6	76.8
8	松花江流域水稻施肥插秧一体化技术	7	72.9
9	松花江流域玉米面源污染控制整装技术	6	69.8
10	三峡流域水稻-油菜轮作农田面源污染限肥控排防控技术	7	68.0
11	三峡流域油菜-玉米秸秆覆盖还田整装技术	6	64.8
12	海河流域大葱农业面源污染防治整装技术	6	73.2

（续表）

序号	技术名称	就绪度等级	综合总分值
13	海河流域小麦-玉米轮作农业面源污染防治整装技术	7	73.4
14	黄淮海流域设施黄瓜-番茄农业面源污染防治整装技术	7	73.4

5.2.3　种植业整装技术评价结果

本研究对国家水专项（2015ZX07103-007）中系列整装技术进行了就绪度水平和层次分析法评价。其中，有关种植业控 N 减 P 单项技术 14 项，根据污染控制技术就绪度 6 级及以上、综合评分 60 分以上的原则，将种植业得分最低的 2 项技术去除，最后筛选出农业面源污染控制的关键技术 12 项。

在巢湖流域，种植业污染防控整装技术包括设施辣椒农业面源污染防治整装技术、水稻侧深施肥插秧一体化技术、稻麦轮作-水稻农业面源污染防治整装技术、设施芹菜农业面源污染防治整装技术。在辽河流域，包括单季稻田面源污染控制整装技术、花生农业面源污染防治整装技术。在松花江流域，包括水稻施肥插秧一体化技术、玉米面源污染控制整装技术。在三峡库区，包括水稻-油菜轮作农田面源污染限肥控排防控技术。在海河流域，包括大葱农业面源污染防治整装技术、小麦-玉米轮作农业面源污染防治整装技术、设施黄瓜-番茄农业面源污染防治整装技术。上述 12 项技术针对流域特点，在节约资源、减少径流、提高生产成本等方面效果显著，这些整装技术在海河流域、巢湖流域、松花江流域、辽河流域、三峡库区等典型流域的农田面源污染严重区域进行了推广应用，示范面积均在 500 亩以上，同时辐射带动周边地区，推动了农业清洁小流域建设。

5.3 养殖业面源污染综合控制关键技术就绪度分析

5.3.1 养殖业整装技术简介

针对我国规模化养殖饲料质量低，水冲粪方式废水产生量大、污染物含量高造成的后续污水处理工艺负荷高、处理效率低，养殖污染物流失率高及引起水体环境质量恶化，养殖废弃物转化为有机肥产品后肥效低、施用量大、运输成本高、经济效益低等问题，"十二五"水专项开展以调整饲料成分、提高饲料质量，对粪污产生量、主要污染物成分研究，提出适合我国不同禽畜养殖方式条件下饲料组成建议研究开发干清粪技术及配套设备并进行验证。同时，根据不同地区及气候差异筛选出不同的发酵床养殖垫料资源化工艺，形成环境友好的养殖发酵床垫料资源化整装成套技术。在上述研究基础上，比较现行禽畜养殖规模、地域差异，不同的养殖方式下面源污染物主要迁移途径、可采用的控制技术及应用方式带来的影响，研究不同区域、不同条件下的禽畜养殖面源污染控制关键节点，明确养殖面源污染控制技术的应用的区域类型，以典型禽畜养殖场为研究的示范工程实验载体，开展集成技术异地试验示范，验证技术的区域适用性及明确技术接口，进行禽畜养殖面源污染控制技术的优化集成，优选养殖业面源污染控制技术清单，提出禽畜养殖面源污染防控整装技术。

"十二五"水专项研发集成养殖业整装技术 11 项，进行生猪、奶牛、家禽养殖污物清粪与沼气防控共性技术和养殖废弃物发酵床工程污物控制共性整装技术研究与论证及禽畜养殖面源污染防控技术整装与清单编制，并进行规模化示范，并在几大流域构建农业清洁小流域样板工程，为水污染防治行动计划农业面源污染防治的实施提供有力支撑。

　　根据表3-3中所列出的技术就绪度的级别划分标准，以达到其中一项即可判定升级为主线、兼顾考虑同一级别中的其他划分标准，来综合评定其技术就绪度的等级，得到养殖业污染控制技术的就绪度等级（表5-9）。

表5-9　养殖业污染控制技术就绪度

序号	技术名称	就绪度等级
1	奶牛养殖污染原位发酵床控制技术——松花江流域	6
2	奶牛养殖污染异位发酵床控制技术——巢湖流域	7
3	奶牛养殖污染沼气工程控制技术——松花江流域	7
4	奶牛养殖污染沼气工程控制技术——巢湖流域	7
5	家禽养殖污染异位发酵床控制技术——海河流域	8
6	家禽养殖污染原位发酵床控制技术——海河流域	8
7	蛋鸡养殖面源污染防治整装技术——三峡库区	8
8	生猪养殖污染沼气工程控制技术——巢湖流域	7
9	生猪养殖污染沼气工程控制技术——松花江流域	7
10	生猪养殖污染原位发酵床控制技术——海河流域	7
11	生猪养殖污染异位发酵床控制技术——巢湖流域	8

5.3.1.1　奶牛养殖污染原位发酵床控制技术清单——松花江流域

　　技术核心：针对奶牛养殖废弃物面源污染问题，通过优质的全株玉米青贮技术，奶牛养殖污染发酵床控制技术，静态堆肥、强制通风堆肥、机械搅拌堆肥等好氧堆肥，食用菌栽培几种技术的组装，形成养殖业面源污染防治共性与整装技术，达到从源头减少污染排放，将不可避免的粪污进行低成本的无害化处理，并且变废为宝，延长粪污处理产业链，提升经济效益。

　　技术适用范围与条件：适合奶牛养殖场，规模为200头以下，适合劳动力、作物秸秆充足地区。

关键技术：全株玉米青贮的关键技术；微生物发酵床养牛技术；静态堆肥、强制通风堆肥、机械搅拌堆肥等好氧堆肥，食用菌栽培几种技术的组装。

经济效益分析：对于玉米种植户来说，玉米成熟后每亩地收玉米 400 kg，按市场价 1.6 元·kg^{-1}，每亩地毛收入为 640 元左右，种植青贮玉米密植 4 000~4 500 棵·亩$^{-1}$，蜡熟期全株玉米产量 4 000 kg·亩$^{-1}$左右，收购价格 0.18~0.2 元·kg^{-1}，毛收入 720~800 元·亩$^{-1}$。可以增收 80~160 元·亩$^{-1}$。

对于养牛场来说，利用全株玉米青贮饲料饲喂奶牛，可使奶牛常年吃到优质青绿多汁饲料，其适口性、消化率以及营养价值均优于去穗秸秆青贮，在管理条件相同的情况下，消化率可提高 12%，泌乳量增加 10%~14%，乳脂率提高 10%~15%，牛奶的产量增加，质量提高，从而减少拒奶率，每千克提高 0.15~0.2 元，以每头奶牛产奶量为 28 kg·d^{-1}计算，每头增收 5.6 元·d^{-1}，从而实现养殖业增效。

应用粪污发酵基质培育食用菌，可以大幅增加经济效益。

技术创新点：相较于常规传统养殖模式，发酵床养殖能够明显改善牛舍环境，减少疾病发生，确保牛健康生长，牛肉、牛奶品质和繁殖率得以提升，养殖成本得以降低，养殖效益得以增加。

发酵床养殖技术是利用微生物的呼吸原理，发酵床中的有益菌群以有氧呼吸为基础对牛粪尿进行分解，将粪尿氧化分解为 CO_2 和 H_2O，并产生大量的热量，可快速消化分解粪尿等养殖排泄物和有害气体，实现牛舍（栏、圈）无异味、免冲洗。同时，以发酵床为载体，有益菌群以牛的粪尿为基础营养进行迅速繁殖，进而抑制、竞争并杀灭各种病原微生物，从而实现健康养殖。其关键点在于利用活性强大的有益功能菌群，持续稳定地将畜禽粪尿转化为有用物质与能量，是迄今国际上一种最新的环保型养殖模式。

推广示范：该技术建立了奶牛生态饲喂、发酵床养殖与废弃物资源化利用成套技术，实现奶牛养殖污染低排放和产业增值，具有一定的示范带动作用，目前该技术在松花江流域推广应用2万头奶牛。

技术就绪度评价等级：6。

技术信息咨询联系单位及联系人

联系单位：中国农业科学院农业环境与可持续发展研究所

联系人：耿兵

5.3.1.2　奶牛养殖污染异位发酵床控制技术——巢湖流域

技术核心：异位发酵床污染处理系统是利用好氧发酵原理，将奶牛的粪污集中收集后，传输到专门的发酵车间内，通过自动喷污装置将粪污喷洒于发酵槽垫料中，并通过自动翻抛机进行翻动。生物菌群通过对粪污进行好氧发酵，水分被蒸发，粪污得到降解，从而完全降解粪污水。发酵床的主要成分是稻壳和锯末，其营养含量低，粪污水成为发酵床微生物代谢的主要营养来源。

技术适用范围与条件：年存栏超过500头的规模奶牛场。

技术创新点：创新了异位微生物发酵床养殖模式，即养殖室外发酵沟技术。该技术通过排污漏口将奶牛养殖废液引入发酵沟中，利用发酵沟中的垫料对粪污进行分解转化。异位发酵床在控制养殖场用水量的情况下可以同时处理养殖粪便和废水，解决了养殖场废水直排对周围水体的环境污染问题。同时也可以实现对填料的机械化翻堆，降低人工成本。

技术就绪度评价等级：7。

技术信息咨询联系单位及联系人

联系单位：中国农业科学院农业环境与可持续发展研究所

联系人：耿兵

5.3.1.3　奶牛养殖污染沼气工程控制技术——松花江流域

技术核心："两牛一猪"是黑龙江省重点发展的畜牧产业，随着标准化示范场和"菜篮子"工程的创建与验收，国家每年投入大量的资金扶持奶牛产业发展，使奶牛产业的标准化、规模化程度越来越高。但随着奶牛存栏量增加，粪污环境污染及治理问题也日益突出。针对松花江流域内规模化奶牛场粪污污染治理问题，本项目以黑龙江哈尔滨现代牧业有限公司为示范基地，实现了粪污发酵产沼利用的技术突破，通过建立干清粪收集系统，采用升流式厌氧污泥床（UASB）+序批式活性污泥（SBR）处理组合技术实现了污水达标排放，污染物环境排放趋零的目标；同时开发粪便、沼渣、沼液肥料化利用途径形成了适用于流域环境的种养一体化模式。目前，发酵产沼利用技术的推广应用有效地解决了奶牛场粪污的流域环境污染扩散问题，同时粪污能源化和肥料化的利用带来了额外的经济和环境效益。

技术适用范围与条件： 存栏量1 000头以上规模化奶牛场，配备自动刮粪或机械清粪设备；规模化奶牛养殖场或养殖密集区，具备沼气发电上网或生物天然气进入管网条件；松花江流域冬季寒冷，低温期长，产沼气率低，厌氧发酵运行温度需保持在25 ℃以上；奶牛养殖场周边能够配套足够的农田消纳粪肥。以千头奶牛场为例，消纳年产生粪肥所需农田面积至少2 000亩。

关键技术： 科学饲喂技术；清粪技术；发酵产沼利用技术。

生产效率分析： 粪污发酵产沼利用技术是针对集约化奶牛养殖业发展的特点和环境保护的需要而发展起来的一项治理环境污染、获取绿色能源的经济、实用、节能和环保的技术。沼气利用主要用于增温沼气池，维持UASB厌氧设备的稳定运行，兼顾场内办公生活用电和用气。作为养殖废弃物资源的能源化利用技术，在不影响正常的养殖场生产管理、畜禽生产性能的前提下，有效处理和利用了畜禽粪污，同时增加农民收入、节约能源、改善农村人口生活质量、减少污染物排放。

技术就绪度评价等级： 7。

技术信息咨询联系单位及联系人

联系单位： 农业农村部农业生态与资源保护总站

联系人： 黄宏坤

5.3.1.4　奶牛养殖污染沼气工程控制技术——巢湖流域

技术核心：采用先进的全混式厌氧消化（CSTR）厌氧消化工艺及附属设备处理污水，并构建了大型沼气发电系统和沼液综合利用设施。养殖场内的粪污、污水全部送入厌氧发酵系统，经过发酵形成沼气、沼液和沼渣。沼气用于牧场发电和锅炉供暖、可供奶厅清洗及生活区用电使用；沼渣用于回垫奶牛卧床，沼液作为液态有机肥用于公司周边农田及牧草基地施肥，可完全用于牧场周边地区配套建设的1万亩牧草种植基地消纳利用。

技术适用范围与条件：存栏量1 000头以上规模化奶牛场，配备自动刮粪或机械清粪设备；规模化奶牛养殖场或养殖密集区，具备沼气发电上网或生物天然气进入管网条件；奶牛养殖场周边能够配套足够的农田消纳粪肥。以千头奶牛场为例，消纳年产生粪肥所需农田面积至少2 000亩。

关键技术：科学饲喂技术；清粪技术；发酵产沼利用技术

生产效率分析：粪污发酵产沼利用技术是针对集约化奶牛养殖业发展的特点和环境保护的需要而发展起来的一项治理环境污染、获取绿色能源的经济、实用、节能和环保的技术。作为养殖废弃物资源的能源化利用技术，在不影响正常的养殖场生产管理、畜禽生产性能的前提下，有效处理和利用了畜禽粪污，同时增加农民收入、节约能源、改善农村人口生活质量、减少污染物排放。

养殖上，建有沼气工程的养殖场粪污得到有效处理，畜禽患病概率大大降低，减少了抗生素的使用。种植上，对比沼肥和化肥施用，发现施用沼肥可提前水稻收割期，且大米品质得到提升。

技术就绪度评价等级：7。

技术信息咨询联系单位及联系人

联系单位：农业农村部农业生态与资源保护总站

联系人：黄宏坤

5.3.1.5 家禽养殖污染异位发酵床控制技术——海河流域

技术核心： 异位发酵床污染处理系统是利用好氧发酵原理，将鸡粪集中收集后，传输到专门的发酵车间内，并置于发酵槽垫料中，并通过自动翻抛机进行翻动。生物菌群通过对粪污进行好氧发酵，水分被蒸发，粪污得到降解，从而完全降解粪污。发酵床的主要成分是稻壳和锯末，其营养含量低，粪污水成为发酵床微生物代谢的主要营养来源。

技术适用范围与条件： 年出栏或存栏超过 10 万羽肉鸡或蛋鸡的规模化鸡场

对生产的影响： 室外发酵床污染处理系统是利用好氧发酵原理，将粪污集中收集后，传输到专门的发酵车间内，并通过自动翻抛机进行翻动和发酵处理。生物菌群通过对粪污进行好氧发酵，水分被蒸发，粪污得到降解，从而完全降解粪污。该技术实现养殖过程与废弃物处理过程单独进行，因此对养殖过程没有直接影响。发酵床养鸡技术使得鸡的排泄物被有机垫料里的微生物迅速降解、消化，达到污染零排放。

技术就绪度评价等级：8。

技术信息咨询联系单位及联系人

联系单位： 中国农业科学院农业环境与可持续发展研究所

联系人： 耿兵

5.3.1.6 家禽养殖污染原位发酵床控制技术——海河流域

技术核心： 发酵床养殖技术是基于微生态理论而发展起来的一种新型养殖技术。发酵床由垫料层和畜禽粪尿两部分组成，将益生菌按照一定的比例与谷壳、锯末和一些活性剂混合发酵作为有机垫料层，畜禽排泄的粪尿通过垫料中的益生菌进行充分的分解转化成有机物质，达到从源头减少污染排放，将不可避免的粪尿进行低成本的无害化处理。

技术适用范围与条件：适合劳动力、作物秸秆充足地区。发酵床养殖对于禽类的地域要求并不严格，适用南方北方地区，建议单栋鸡舍出栏或存栏超过1万羽肉鸡或蛋鸡即可使用。

对生产的影响：在正常情况下，鸡肠道内的优势菌群属于厌氧菌，主要有乳酸杆菌、拟杆菌、消化杆菌和双歧杆菌等，而需氧菌和兼性厌氧菌只占很少的比例。如果厌氧菌明显减少，畜禽肠道内的微生态平衡就会受到破坏，而发酵床中的微生态制剂可使双歧杆菌和拟杆菌恢复正常，有利于肠道菌群平衡。而且微生态制剂中的菌群进入肠道后，可以消耗肠道中的氧，营造一个厌氧环境，抑制有害需氧菌的增殖。发酵床中含有大量的益生菌群，鸡食用后能够有效改善肠道微生态环境，提高免疫力，减少疾病的发生。

技术就绪度评价等级：8。

技术信息咨询联系单位及联系人

联系单位：中国农业科学院农业环境与可持续发展研究所

联系人：耿兵

5.3.1.7　蛋鸡养殖面源污染防治整装技术——三峡库区

技术核心：根据三峡流域的气候特点，利用生物发酵堆肥，机械搅拌堆肥技术生产有机肥；利用自然坡降，将粪污处理后的沼液运送至下方茶园配肥池开展"水肥一体化"，沼渣运回肥料生产车间生产有机肥，延长粪污处理产业链。实现了区域自净，提升经济效益。通过对堆肥效果、水肥一体化效果进行评价，形成适合三峡流域规模化养鸡粪污综合利用模式。

技术适用范围与条件：技术适合三峡库区海拔1 000 m以下地区规模化养鸡场，规模8万~10万只，劳动力充足，玉米作物种植规模较大。规模在8万只以下的养鸡场可以根据污染物排放量，选择其中1~2种处理技术，达到综合利用的目的。

关键技术：玉米配方饲料生产的关键技术；干清粪鸡场清粪技术；生物发酵堆肥技术。

减排效果：饲喂玉米配方饲料可使蛋鸡增加抵抗力、避免使用抗生素，提高消化率，提高产蛋率。

应用干清粪技术进行粪污清理，相比水冲粪减少 30% 的粪污总量，工艺耗水量少、粪污总量少、同时采用粪污分开处理，后处理难易程度降低，而且该工艺可保持畜舍内清洁，无臭味，对人畜危害最小，由于采用干式清粪，粪便宜分离，未经大量的水稀释，养分损失小，最大限度地保存了它的肥料价值，适合三峡流域农作物一般施用固态有机肥的特点，这是目前三峡流域养鸡场比较理想的清粪工艺。

采用生物发酵床对养鸡场固体废弃物进行处理，生物发酵堆肥，堆肥产物直接施用于农田可培肥土壤，减少化肥使用量，提高作物产量和品质；采用沼气工程对养鸡场液体废弃物进行处理，在提高粪肥资源利用的同时，大力促进农业和其他相关产业的发展，发挥了沼气工程"能源生产、污染防治、生态循环"三位一体功能效应，对农业经济的发展具有重要的作用。

技术就绪度评价等级：8。

技术信息咨询联系单位及联系人

联系单位：中国农业科学院农业环境与可持续发展研究所

联系人：耿兵

5.3.1.8　生猪养殖污染沼气工程控制技术——巢湖流域

技术核心：针对养殖企业粪污量大，COD_{cr} 浓度高，污染严重的特点，本书采取首端减量，过程控制，末端利用的有效措施，很好地控制了污染，发展了养殖业，带动了种植业，实现了巢湖流域部分地方养殖生产清洁化，种植生产高效化，农业生产无害化。

技术核心是以沼气为纽带的能源生态模式。首先，首端减量，减少冲洗水，采用干清粪，实行雨污分离。其次，过程得到有效控制，按照粪污资源量建设相应池容的大中型沼气工程，再按照养殖种类选择进料方式，适当设计水力滞留时间，后处理关键是建设能静置 7~10 d 的沼液贮存池。最后，末端利用，沼液施肥是关键。新鲜沼液含酸性，不能直接浇地，必须经过氧化，这就需要静置。静置后的沼液由于 COD_{cr} 比较高，还是不能直接浇地，得按照基肥或者追肥不同的肥效，用水稀释沼液，达到一定 COD_{cr} 要求后，才可以作为肥料。

种植业通过沼液的施用不但大幅减少化肥农药的施用，减少了面源污染，而且产量品质都得到提升，成本相应降低。提高了农业综合效益。

粪便经过沼气处理后，COD_{cr} 有了很大降低。匹配生态种植 10 头猪 1 亩地，存栏 1 万头猪也就需要匹配 1 000 亩地。同时设计好用肥茬口，保证四季用肥，使冬季也能平稳用肥，这样可以减少沼液贮存池的容量，减少用地和建设成本。

技术适用范围与条件：存栏量 3 000 头以上规模化猪场，具备漏缝地板排污系统、自动刮粪或机械清粪设备；大中型规模生猪养殖场或养殖密集区，具备沼气发电上网或生物天然气进入管网条件；有建设沼气工程设施的农业设施建设用地和与之匹配的种植土地。按猪当量计算，1 万头猪场消纳年产生粪肥所需农田面积至少 2 000 亩。

对生产的影响：在养殖业方面，通过走访建有沼气工程的养殖企业，发现通过沼气对畜禽粪便处理，畜禽患病概率大大降低，很多养猪企业都不用抗生素了，发展无抗猪，提高了猪肉品质，也提升了企业的效益。

在种植业方面，通过水稻试验，同一品种种植相同面积，分别施用沼肥和化肥，施用沼肥比化肥产量基本差不多，但收割期提前一周，出米率提高 10%，大米品质提升很大。

技术就绪度评价等级：7。

技术信息咨询联系单位及联系人

联系单位：农业农村部农业生态与资源保护总站

联系人：黄宏坤

5.3.1.9 生猪养殖污染沼气工程控制技术——松花江流域

技术核心：针对松花江流域内规模化生猪养殖场粪污污染治理问题，本项目以黑龙江哈尔滨鸿福养殖有限公司为示范基地，通过构建干清粪与塞流式厌氧消化（HCF）+连续进水周期循环活性污泥（CAAS）组合工艺提效沼气能源化利用，实现了猪场粪污发酵产沼利用的技术突破；同时开发粪便、沼渣、沼液肥料化利用途径，形成了适用于流域环境的种养一体化模式。目前，发酵产沼利用技术的推广应用有效地解决了生猪养殖场粪污的流域环境污染扩散问题，同时粪污能源化和肥料化的利用带来了额外的经济和环境效益。

技术适用范围与条件：存栏量 3 000 头以上规模化猪场，具备漏缝地板排污系统、自动刮粪或机械清粪设备；大中型规模生猪养殖场或养殖密集区，具备沼气发电上网或生物天然气进入管网条件；松花江流域冬季寒冷，低温持续期长，厌氧发酵产沼气率较低，需要增加保温设施，确保厌氧发酵运行温度维持在 25 ℃以上；生猪养殖场周边能够配套足够的农田消纳粪肥。以 1 万头猪场为例，消纳年产生粪肥所需农田面积至少 2 000 亩。

关键技术：科学饲喂技术；机械干清粪工艺；HCF 厌氧消化工艺。

经济效益分析：以黑龙江哈尔滨鸿福猪场为例，存栏 1 万余头，污水日产生量约 120 t；沼气综合利用系统占地 5 000 m^2，建设沼气池 2 400 m^3，年产沼气 35 万 m^3，年发电达到 20 万 kWh；有机肥料加工中心占地 1.2 万 m^2，年生产有机肥 1 万 t。按照每度电 0.76 元计算，年可节省电费 15.2 万元；有机肥售价 500 元 · t^{-1}，年创收 500 万元。

技术就绪度评价等级：7。

技术信息咨询联系单位及联系人

联系单位：农业农村部农业生态与资源保护总站

联系人：黄宏坤

5.3.1.10　生猪养殖污染沼气工程控制技术——巢湖流域

技术核心：针对养殖企业粪污量大，COD_{cr}浓度高，污染严重的特点，本书采取首端减量，过程控制，末端利用的有效措施，很好地控制了污染，发展了养殖业，带动了种植业，实现了巢湖流域部分地方养殖生产清洁化，种植生产高效化，农业生产无害化。

技术核心是以沼气为纽带的能源生态模式。首先，首端减量，减少冲洗水，采用干清粪，实行雨污分离。其次，过程得到有效控制，按照粪污资源量建设相应池容的大中型沼气工程，再按照养殖种类选择进料方式，适当设计水力滞留时间，后处理关键是建设能静置 7~10 d 的沼液贮存池。最后，末端利用，沼液施肥是关键。新鲜沼液含酸性，不能直接浇地，必须经过氧化，这就需要静置。静置后的沼液由于 COD_{cr} 比较高，还是不能直接浇地，得按照基肥或者追肥不同的肥效，用水稀释沼液，达到一定 COD_{cr} 要求后，才可以作为肥料。

种植业通过沼液的施用不但大幅减少化肥农药的施用，减少了面源污染，而且产量品质都得到提升，成本相应降低。提高了农业综合效益。

粪便经过沼气处理后，COD_{cr} 有了很大降低。匹配生态种植 10 头猪 1 亩地，存栏 1 万头猪也就需要匹配 1 000 亩地。同时设计好用肥茬口，保证四季用肥，使冬季也能平稳用肥，这样可以减少沼液贮存池的容量，减少用地和建设成本。

技术适用范围与条件：存栏量 3 000 头以上规模化猪场，具备漏缝地板排污系统、自动刮粪或机械清粪设备；大中型规模生猪养殖场或养殖密集区，具备沼气发电上网或生物天然气进入管网条件；有建设沼气工程设施的农业设施建设用地和与之匹配的种植土地。按猪当量计算，1 万头猪场消纳年产生粪肥所需农田面积至少 2 000 亩。

对生产的影响：在养殖业方面，通过走访建有沼气工程的养殖企业，发现通过沼气对畜禽粪便处理，畜禽患病概率大大降低，很多养猪企业都不用抗生素了，发展无抗猪，提高了猪肉品质，也提升了企业的效益。

在种植业方面，通过水稻试验，同一品种种植相同面积，分别施用沼肥和化肥，施用沼肥比化肥产量基本差不多，但收割期提前一周，出米率提高10%，大米品质提升很大。

技术就绪度评价等级：7。

技术信息咨询联系单位及联系人

联系单位：农业农村部农业生态与资源保护总站

联系人：黄宏坤

5.3.1.11 生猪养殖污染原位发酵床控制技术——海河流域

技术核心：该技术集成生猪养殖污染饲料源头控制技术，养殖过程控制技术和末端的资源化利用技术，实现养殖和环保的双重效应。将低蛋白（质）氨基酸平衡饲料、加酶饲料、屠宰前停用矿物质添加剂的饲料配制技术与饲料的厌氧发酵加工技术相结合，在降低饲料成本同时满足猪营养需要的前提下，最大限度地提高饲料利用率，结合微生物技术最大限度地降低粪尿中氮、磷及铜、铁、锌、锰等元素的含量以及粪的臭味，从饲料源头进行减排。垫料发酵床消纳粪尿技术，猪在微生物发酵床垫料上生长，粪尿被垫料中的微生物降解，猪舍无臭味，垫料免清理，同时利用当地的秸秆等地方植物资源作为垫料原料，降低发酵床垫料的制作成本，在最大化环保效应的同时尽量提升经济效益。猪采食发酵的饲料，饲料中的微生物补充或强化垫料中的微生物，增强垫料消纳粪尿的能力。

技术适用范围与条件：技术适合北部寒区生猪养殖场，年出栏生猪为1 000~50 000头的养殖场，适合劳动力充足地区。

关键技术：低蛋白（质）氨基酸平衡饲料的配制技术+加酶饲料的配制技术+屠宰前停用矿物质添加剂的饲料配制技术+饲料的

发酵生产技术+发酵床垫料消纳粪尿技术。

经济效益分析：饲料原料主要为玉米、豆粕、磷酸氢钙等。豆粕为常用的蛋白质饲料原料，蛋白含量约为 43%。豆粕价格按 3 200 元·t^{-1} 计算。对于低蛋白（质）氨基酸平衡饲料而言，猪饲料蛋白质含量可以降低 1%~2%。按此计算，则全价饲料中豆粕的添加量可以降低 2.3%~4.6%，即每吨饲料成本可以降低饲料成本 73.6~147.2 元。如果按每头猪从出生至出栏消耗饲料 280 kg 计算，则每头猪可以降低饲料成本 20~40 元。对于 1 万头猪场每年可增加盈利 40 万~80 万元。

饲料原料主要为玉米、豆粕、磷酸氢钙等。磷酸氢钙主要为猪提供无机磷和钙。饲料中添加植酸酶后，每吨饲料中可减少 6 kg 磷酸氢钙的用量。磷酸氢钙的价格按 2.5 元·kg^{-1} 计算，则每吨饲料成本可降低 15 元。添加植酸酶、木聚糖酶等酶制剂后可以提高猪的生长，折冲酶制剂的投入。如果按每头猪从出生至出栏消耗饲料 280 kg 计算，则每头猪可以降低饲料成本 4.0 元。对于 1 万头猪场每年可增加盈利 4 万元。

铜、铁、锌、锰添加剂主要为硫酸盐的形式。屠宰前 30 d 停用铜铁锌锰矿物添加剂，对猪的生长性能无不良影响，同时降低饲料成本。铜铁锌锰等复合矿物添加剂在全价饲料中红的添加剂量按 1% 计算，单价按 1.8 元·kg^{-1} 计算，每头育肥猪每日采食量 5.0 kg，则每头猪可节约饲料成本约 2.5 元。

饲料发酵后，饲料适口性增加，饲料利用率提高，料肉比由原来的 3.0 降为 2.6，即每头猪可以节约饲料约 40 kg。考虑饲料发酵后菌种费用、人工费用和猪的采食量增加，每头猪实际可约饲料月 20 kg。饲料价格按 2.0 元·kg^{-1} 计算，则每头猪盈利约 40 元。

对于微生物发酵床消纳粪尿技术而言，本技术在消纳粪尿减少粪尿污染的同时，改善了环境，间接促进了猪的生长。发酵床垫料主要由锯末、稻壳及菌种组成。猪在垫料上生长，猪出栏后含有粪尿、微生物的垫料被收走用于制作有机肥，垫料的投入忽略不计。

由于猪在垫料上生长，粪尿被垫料中的微生物消纳，猪舍无臭味，显著改善了环境，猪疾病发生率降低，每头猪可节约医药费 5.0 元。另外猪在垫料上生长，福利增加，肉质改善，并且料肉比降低 0.1~0.2，一头猪可增加收入 15 元（10~20 元）。因此发酵床垫料消纳粪尿养猪技术可每头猪创收 20 元。

技术对比分析：相较于常规传统养殖模式，发酵床养殖能够明显改善猪舍环境，减少疾病发生，确保猪健康生长，猪肉和繁殖率得以提升，养殖成本得以降低，养殖效益得以增加。

技术就绪度评价等级：7。

技术信息咨询联系单位及联系人

联系单位：山东省农业科学院畜牧研究所，中国农业科学院农业环境与可持续发展研究所

联系人：耿兵

5.3.1.12　生猪养殖污染异位发酵床控制技术——巢湖流域

技术核心：异位发酵处理猪场粪污是一项集粪污减量化、无害化和资源化为一体的综合技术。采用这项技术，可以克服发酵床（舍内）养猪存在一些不足；具有占地面积小、投资较少、运行成本低和无臭味等优点；养猪场无须设置排污口，可实现粪污零排放；粪污经发酵处理后可全部转化为固态有机肥原料，实现变废为宝。

异位发酵床污染处理系统是利用好氧发酵原理，将猪的粪污集中收集后，传输到专门的发酵车间内，通过自动喷污装置将粪污喷洒于发酵槽垫料中，并通过自动翻抛机进行翻动。生物菌群通过对粪污进行好氧发酵，水分被蒸发，粪污得到降解，从而完全降解粪污水。发酵床的主要成分是稻壳和锯末，其营养含量低，粪污水成为发酵床微生物代谢的主要营养来源。

技术适用范围与条件：存栏量 3 000 头以上规模化猪场，具备漏缝地板排污系统、自动刮粪或机械清粪设备、或水泡粪等清粪设

施，适用异位发酵床处理。

关键技术：低蛋白（质）氨基酸平衡饲料的配制技术+加酶饲料的配制技术+屠宰前停用矿物质添加剂的饲料配制技术+饲料的发酵生产技术+发酵床垫料消纳粪尿技术

经济效益分析：该技术为养殖废弃物综合处理技术，创新将农作物秸秆（油菜、水和玉米秸秆）应用于异位发酵床填料，实现养殖污染和秸秆焚烧污染的同步解决。将农作物秸秆粉碎并喷洒微生物发酵菌剂，并控制湿度可以实现秸秆的预发酵。然后添加养殖废弃物，在机械翻堆条件下可以实现连续发酵，发酵后的填料可生产有机肥。微生物异位发酵床养殖技术和养殖废弃物利用技术的投资及环境效益（表5-10，表5-11）。

表5-10 微生物异位发酵床养殖技术投资情况和环境效益

养殖技术	投资成本/（元·头$^{-1}$）	运行成本/（元·头$^{-1}$）	污染减排
异位发酵床	150	100	零排放

表5-11 养殖废弃物资源化利用技术投资情况和环境效益

养殖废弃物资源化产品	投资成本/（元·t^{-1}）	销售价格/（元·t^{-1}）	施肥量/（kg·亩$^{-1}$）
有机肥	300	600	500
生物有机肥	500	1 200	200

技术对比分析：创新了异位微生物发酵床养殖模式，即养殖室外发酵沟技术。该技术通过排污漏口将生猪养殖废液引入发酵沟中，利用发酵沟中的垫料对粪污进行分解转化。异位发酵床在控制养殖场用水量的情况下可以同时处理养殖粪便和废水，解决了养殖场废水直排对周围水体的环境污染问题。同时也可以实现对填料的机械化翻堆，降低人工成本。

技术就绪度评价等级：7。

技术信息咨询联系单位及联系人
联系单位：中国农业科学院农业环境与可持续发展研究所
联系人：耿兵

5.3.2　养殖业整装技术打分

将表 5-9 中所列出的技术按照就绪度 6 级以上的级别划分（表 5-12），并对评分结果进行汇总（表 5-13）。

表 5-12　养殖业污染控制技术就绪度

序号	技术名称	就绪度等级
1	奶牛养殖污染原位发酵床控制技术清单——松花江流域	6
2	奶牛养殖污染异位发酵床控制技术清单——巢湖流域	7
3	奶牛养殖污染原位发酵床控制技术清单——松花江流域	7
4	奶牛养殖污染沼气工程控制技术清单——巢湖流域	7
5	家禽养殖污染异位发酵床控制技术清单——海河流域	8
6	家禽养殖污染原位发酵床控制技术清单——海河流域	8
7	蛋鸡养殖面源污染防治整装技术——三峡库区	8
8	生猪养殖污染沼气工程控制技术——巢湖流域	7
9	生猪养殖污染沼气工程控制技术清单——松花江流域	7
10	生猪养殖污染原位发酵床控制技术清单——海河流域	7
11	生猪养殖污染异位发酵床控制技术清单——巢湖流域	8

表 5-13　农业面源污染控制技术评分结果汇总

序号	技术名称	就绪度等级	综合总分值
1	奶牛养殖污染原位发酵床控制技术——松花江流域	6	76.97
2	奶牛养殖污染异位发酵床控制技术——巢湖流域	7	83.55

（续表）

序号	技术名称	就绪度等级	综合总分值
3	奶牛养殖污染原位发酵床控制技术——松花江流域	7	86.93
4	奶牛养殖污染沼气工程控制技术——巢湖流域	7	81.28
5	家禽养殖污染异位发酵床控制技术——海河流域	8	73.27
6	家禽养殖污染原位发酵床控制技术——海河流域	8	82.05
7	蛋鸡养殖面源污染防治整装技术——三峡库区	8	63.49
8	生猪养殖污染沼气工程控制技术——巢湖流域	7	75.57
9	生猪养殖污染沼气工程控制技术——松花江流域	7	75.57
10	生猪养殖污染原位发酵床控制技术——海河流域	7	76.03
11	生猪养殖污染异位发酵床控制技术——巢湖流域	8	85.45

5.3.3　养殖业整装技术评价结果

本书对国家水专项（2015ZX07103-007）中系列整装技术进行了就绪度水平和层次分析法评价。其中，畜禽养殖污染减排与废弃物利用单项技术 11 项。根据污染控制技术就绪度 6 级及以上、综合评分 60 分以上的原则，利用层次分析法进行评分，最后筛选出养殖业污染控制技术 11 项。

在松花江流域，奶牛养殖污染原位发酵床控制技术能够明显改善牛舍环境，减少疾病发生，确保牛健康生长，牛肉、牛奶品质和繁殖率得以提升，养殖成本得以降低，养殖效益得以增加。在巢湖流域，奶牛养殖污染异位发酵床控制技术，异位发酵处理奶牛场粪污是一项集粪污减量化、无害化和资源化于一体的综合技术，该技术具有占地面积小、投资较少、运行成本低和无臭味等优点，可实现粪污零排放，粪污经发酵处理后可全部转化为固态有机肥原料，增加经济收益。在松花江流域奶牛养殖污染原位发酵床控制技术，实现了粪污发酵产沼利用的技术突破，通过建立干清粪收集系统，采用升流式厌氧污泥床（UASB）+序批式活性污泥（SBR）处理组合技术实现了污水达标排放，污染物环境排放趋零的目标。同时，开发粪便、沼渣、沼液肥料化利用途径形成了适用于流域环境的种养一体化模式。在巢湖流域，奶牛养殖污染沼气工程控制技术，采用先进的全混式厌氧消化（CSTR）厌氧消化工艺及附属设备处理污水，并构建了大型沼气发电系统和沼液综合利用设施。养殖场内的粪污、污水全部送入厌氧发酵系统，经过发酵形成沼气、沼液和沼渣。沼气用于牧场发电和锅炉供暖、可供奶厅清洗及生活区用电使用；沼渣用于回垫奶牛卧床，沼液作为液态有机肥用于公司周边农田及牧草基地施肥，可完全用于牧场周边地区配套建设的1万亩牧草种植基地消纳利用。

在海河流域，利用家禽养殖污染异位发酵床控制技术，使得鸡的排泄物被有机垫料里的微生物迅速降解、消化，达到污染零排放。利用家禽养殖污染原位发酵床控制技术，发酵床中的微生态制剂可使双歧杆菌和拟杆菌恢复正常，有利于肠道菌群平衡。而且微生态制剂中的菌群进入肠道后，可以消耗肠道中的氧，营造一个厌氧环境，抑制有害需氧菌的增殖。发酵床中含有大量的益生菌群，鸡食用后能够有效改善肠道微生态环境，提高免疫力，减少疾病的发生。

在巢湖流域，采用生猪养殖污染沼气工程控制技术，可使生猪患病概率大大降低，提高了猪肉品质和企业的效益。在种植业方面，施用沼肥比化肥产量相当，但收割期提前一周，出米率提高10%，大米品质提升很大。施用沼肥比传统施用化肥有明显优势。在松花江流域，利用生猪养殖污染沼气工程控制技术，通过配置猪场周边农田以消纳粪污。通过系列工艺组合能够满足松花江流域冬季低温期养殖场沼气工程持续稳定运行。在海河流域，生猪养殖污染原位发酵床控制技术能够明显改善猪舍环境，减少疾病发生，确保猪健康生长，猪肉和繁殖率得以提升，养殖效益得以增加。在巢湖流域，生猪养殖污染异位发酵床控制技术可以在控制养殖场用水量的情况下处理养殖粪便和废水，解决了养殖场废水直排对周围水体的环境污染问题。同时也可以实现对填料的机械化翻堆，降低人工成本畜。

第六章 流域农业面源污染防控技术方案编制指南

为贯彻执行《中华人民共和国环境保护法》和《中华人民共和国水污染防治法》法律法规，落实党的十八大以来关于"生态文明建设""绿色发展""乡村振兴""绿水青山就是金山银山""山田林水湖草"等国家重大战略部署和科学发展理念，加强重点流域农业面源污染综合治理专项工作的技术支撑，加快建立清洁流域生态环境保护专项技术管理体系，指导典型流域面源污染综合防控工作，确保流域水体生态环境治理取得成效，在国家水体污染控制与治理重大专项农业面源污染防治主题等相关科研成果基础上，制定相应的指南。

编制指南适用于我国黑龙江流域、辽河流域、海河流域、巢湖流域和三峡流域农业面源污染防治技术方案的编制，但不限于上述5个流域，各地区可参考本指南提出的流域农业面源污染防控技术方案编制的技术方法和路径措施，根据本地流域所处的自然环境、农业农村经济发展状况、流域农业面源污染环境问题等个性特征，按照"一域一策"的原则，遵循因地制宜的方针，参考编制流域农业面源污染防控技术方案。

指南编制遵循的原则包括规划引领原则、目标导向原则、统筹协调原则、系统施治原则、因地制宜原则和经济可行原则。编制的内容包括但不限于以下内容：流域调查；流域污染源排放与污染负荷现状；方案目标和指标；农业面源污染防控技术选择的原则和方法；流域尺度农业面源污染防控整装技术方案；效益评估。

6.1　术语和定义

下列术语和定义适用于编制指南。

（1）面源污染　溶解和固体的污染物从非特定地点，在降水或融雪的冲刷作用下，通过径流过程而汇入受纳水体（包括河流、湖泊、水库和海湾）并引起有机污染、水体富营养化或有毒有害其他形式的污染。也称非点源污染。

（2）农业面源污染　农业生产活动和农村生活过程中，产生的氮素和磷素元素、农药、畜禽粪便、生物污水以及其他有机或无机污染物，通过地表径流、沟渠和渗漏输移过程，流入受纳水体所引起的水环境污染。

（3）农业清洁小流域　以农业源污染占比超过70%以上且工业污染源得到有效治理小流域为建设对象，流域内农业面源污染率降低、防控技术合理配置和废弃物高效利用，农业生产对自然的扰动在生态系统承载能力之内，流域农业生态系统良性循环，农业、人口、环境协调发展的小流域。

（4）农田面源污染过程控制技术　在污染物向水体的迁移过程中，通过一些物理的、化学、生物以及工程的方法对污染物进行拦截阻断和强化净化，延长其在陆域的停留时间，最大化减少其进入水体的污染物量。

（5）整装技术　针对农业面源污染防治技术分散、缺乏整装问题，以多项农业面源污染防治技术为基础，形成"源头削减、过程拦截、末端利用"全过程的污染控制技术。

（6）农业废弃物资源化　通过农业废弃物资源化利用技术对农作物秸秆、畜禽粪便和农村居民生活排放的废弃物进行资源化并加以利用。

（7）氮磷拦截　依据生态学原理，采用生物技术、工程技术措施对农田径流中的氮、磷物质进行拦截、吸附、沉积、转化及吸收利用，从而对农田流失的氮磷进行有效拦截，达到控制养分流失，实现养分再利用。

6.2　技术路线

指南编制的技术路线见图6-1。

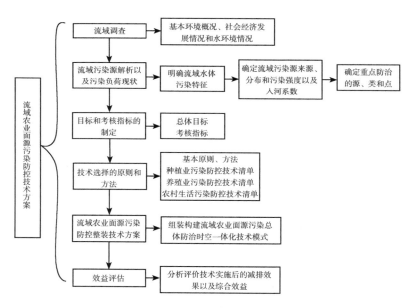

图6-1　指南编制技术路线

6.3　流域调查

6.3.1　流域自然环境概况

应调查流域地理位置。流域地理位置调查可采用两种方式。一是以流域为单元进行行政区划（精确到乡镇级别）调查，行政区划包括一级省级行政区（省、自治区、直辖市、特别行政区）、二级地级行政区（地级市、地区、自治州、盟）、三级县级行政区（市辖区、县级市、县、自治县、旗、自治旗、林区、特区）和四级乡级行政区（街道、镇、乡、民族乡、苏木、民族苏木、县辖区）。二是以流域为单元进行湖泊的水体面积、年平均水量和最大储水量特征基础信息调查。

应调查与汇入水体（河流、湖泊及湿地）的连通情况。

调查完成后，应绘制流域内土地利用现状图，地图比例尺应不低于1：10 000。

6.3.2　流域水系与水资源概况

应调查的内容包括流域内的水文基本情况、水资源现状、水系结构特征、水利工程设施建设及调度情况。

调查完成后，应绘制流域水系分布图，地图比例尺应不低于1：10 000。

6.3.3　流域社会经济发展概况

一是调查农业生产分布现状。农业生产分布现状应调查的内容包括：流域内土地利用类型（包括旱地、水田、蔬菜、果树）、肥料类型以及用量和灌溉方式的分布情况；流域内畜禽养规模、模式、种类和数量的分布情况；流域内水产养殖面积、模式、种类和数量的分布情况。

二是调查农村生活分布现状。农村生活分布现状调查的内容包括：明确流域内农村人口数量以及人口分布情况；明确流域内住宅面积及其分布情况。

6.3.4　流域水环境现状

明确流域内监测点位布设情况，在流域水系图中标明水环境现状监测断面。流域水环境现状调查的内容包括：分析水体 COD_{cr}、TN、TP 和 NH_3-N 等特征污染物以及 pH 值、硬度和碱度指标；水体富营养化程度；水生态系统，包括浮游动植物、底栖动物、水生植被和鱼类（有无珍稀濒危物种）流域生态多样性现状及近年内的历史变化情况。

6.4 流域污染源排放与污染负荷现状

6.4.1 农业面源污染概况

应解析流域水体与入水河流及沉积物的 COD_{cr}、TN、TP、NH_3-N、pH 值、硬度、碱度和溶解氧指标的现状，明确水体环境质量状况及污染特征。

面源污染主要来源于农业、小型养殖场和农村人口，根据其排放特征，应该计算不同污染物的产排污系数和污染负荷排放强度与降水径流强度之间的关系。

应在流域水系分布图中标明污水排水口位置、取水口位置、饮用水源保护区范围。根据农业面源污染负荷现状分析污水排放情况，从主要污染负荷的来源、总量和入河量角度解析不同污染源对入河污染负荷的贡献。

6.4.2 农田面源污染及发生特征

农田面源污染及发生特征应明确的内容包括：流域内乡镇的基本情况，包括区域面积、人口数及各土地利用类型的面积；流域种植业化肥及化学农药使用情况，包含肥料与农药的种类、施用量及其施用方式；不同作物的种植面积、灌溉方式；不同作物以及不同土地利用类型下 COD_{cr}、TN、TP 和 NH_3-N 的发生量及主要发生时期，分析面源污染发生量及其时间和空间分布特征。

6.4.3　养殖面源污染及发生特征

养殖面源污染及发生特征应包括畜禽养殖场数量、规模、废水及其污染物排放量及处置情况，应估算畜禽养殖废水产生量以及所占比重，COD_{cr}、TN、TP 和 NH_3-N 的产生量以及所占百分比。

6.4.4　农村生活污染及发生特征

应明确流域内村落空间分布特征，污水产生的时空特征和产排方式以及处理设备的数量和种类，村落垃圾的来源类型以及处理装置数量和处理模式。

应估算村落污染废水产生量以及所占比重，COD_{cr}、TN、TP 和 NH_3-N 的产生量以及所占百分比。

6.4.5　不同源类型负荷特征及贡献解析

应解析农田、养殖、农村生活污染源的各类污染物的污染负荷发生量，明确各类污染物的农业面源污染负荷情况，可采用饼图的方式明确各种污染源的相对贡献情况。

应根据农田、养殖、农村生活污染源的解析结果，确定流域农业面源污染的主要污染物类型和主要污染源，进而对污染物的形成、排放、传输过程特征分析。

应明确农田、养殖、农村生活污染源及主要污染物的污染控制的关键节点，为后续的"分源-分类-分点"的污染管控思路提供支撑。

6.4.6　流域生态环境现状评估及成因分析

应根据现状流域水质及污染负荷排放状况，进行流域生态环境现状评估，并对流域进行水环境质量评价。生态环境现状评估可参见《江河生态安全调查与评估技术指南》。应根据流域污染防治的优先次序，分析流域不同区域和不同类型污染源对水体水质和水生态的影响及贡献率。导致流域水体水质下降的主要区域、主要污染源、污染特征和污染量进行分析，以便有针对性地进行污染防控技术的选择和开展工程项目布设。

6.4.7 农业面源污染负荷估算

6.4.7.1 农田径流污染负荷

根据具体流域污染普查数据、历年环境质量公报和各省市农业科学院所掌握的历年化肥和农药施用量，估算流失系数并计算农田径流污染负荷。小流域内农田径 N、P 产生总量（$L_{1,1}$、$L_{2,1}$，t）的计算公式见式（2-18）和式（2-19）。

6.4.7.2 畜禽养殖污染负荷

根据具体流域内的畜禽养殖的规模、数量以及 COD_{cr}、TN、NH_3-N 和 TP 污染物排放情况，依据全国污染源普查污染物排放系数和 GB 18596—2001 中的允许集约化畜禽养殖业最高水污染物日均排放浓度以及允许集约化畜禽养殖业水冲工艺最高排水量的平均值，可算出流域内畜禽养殖产生的污染负荷量。

根据输出系数模型与入河系数计算农业清洁小流域的入河负荷，计算公式为：

$$R_i = \sum_{j=1}^{n} L_{i,j} \times \lambda_{i,j} \qquad (6-1)$$

式中，R_i 为第 i 种污染物的年入水负荷（t）；$L_{i,j}$ 为第 i 种污染物第 j 种污染源的年排放负荷；$\lambda_{i,j}$ 为第 i 种污染物第 j 种污染源的入河系数；

6.4.7.3 农村生活污染负荷

根据流域内的环境质量公报以及污染源普查结果，可以获取农村生活污水排放的 COD_{cr}、TN、TP、NH_3-N 和排放系数。由此估

算得出 COD_{cr}、TN、TP 和 NH_3-N 污染负荷。

根据流域内的污染源普查结果，可以获取农村生活垃圾排放的种类、数量以及分布。由此估算得出生活垃圾的污染负荷。

小流域内农村生活污水 N、P 排放量的计算公式见式（2-24）和式（2-25）。农村生活污染水污染物入河量计算公式见式（2-26）。

6.5　方案目标和指标的制定

6.5.1　总体目标

应根据流域农业面源污染的现状，明确提出清洁流域水体质量的总体目标、目标完成年限和分年度目标。以农田、养殖和农村生活三大类污染源的主要污染物源头排放的总量控制情况及过程拦截利用情况为核心，并根据流域农业面源污染现状和社会经济阶段发展水平及发展需求进行设定。

6.5.2　考核指标

流域水体生态环境保护的考核指标应包括 COD_{cr}、TN、TP 和 NH_3-N，以及能够准确反映当地流域生态系统状态的 pH 值、溶解氧、色度、悬浮物指标。

种植业污染防控技术：农田氮磷流失削减率达到 30%，化肥利用率和主要农作物农药利用率达到 40% 以上，累计进行 10 万亩以上百万亩以下的推广示范，技术应用覆盖率在示范区域农田达到 60%。

养殖业污染防控技术：养殖废弃物资源化利用率达到 95%，累计养殖规模 30 000~100 000 头当量畜禽（年出栏数）的推广示范，资源化产品总量达 10 000 $t \cdot a^{-1}$ 左右，技术应用覆盖率在示范区域或流域养殖场达到 60%。

农村生活污水：达到地方标准或资源化利用率达到 70%，累计进行农村人口规模不少于 10 万的推广示范，技术应用覆盖率在示范区域或流域范围达到 60%。

6.6 农业面源污染防控技术选择的原则和方法

6.6.1 农业面源污染防控技术选择的原则

农业面源污染防控技术选择应符合 SL 534—2013 总体目标要求，具体包括以下几个原则。

第一，技术选择应遵循全过程控制的原则，可采取的途径包括加强源头减量、优化过程控制、提高末端利用。技术选择应体现综合-整装原则，可选用以下技术组合模式。

第二，技术选择应体现综合-整装原则，可选用以下技术组合模式。

种植业：以"侧深施肥插秧-种养一体-炭基增效肥-水肥耦合-节水灌溉"为一体的水稻种植整装技术，以"深翻减肥-增碳减氮-水肥一体化-秸秆还田"的小麦-玉米种植整装技术，以"优化施肥技术-节水灌溉技术"的蔬菜种植整装技术。

畜禽养殖业：系统集成原位发酵床控制技术、异位发酵床控制技术、沼气工程控制技术等关键技术。

水产养殖：系统集成以饲料精准投喂技术、微生态制剂水质调控技术和多营养层次综合养殖模式为主的养殖污染源头控制技术，以生态塘、人工湿地、生态沟和微生态滤床为主的尾水达标排放或回用技术。

农村生活污水：以"（化粪池）+厌氧生物膜池+接触氧化池"为主的分散式污水处理工艺和以"（化粪池）+厌氧生物膜池+接触氧化池+人工湿地""预处理+接触氧化池""厌氧生物膜反应池+跌水曝气+人工湿地"为主的集中式污水处理工艺以及"稳定塘+

土地渗滤处理”的污染物截留入河的处理技术，农村生活有机垃圾自然通风高效堆肥技术、农村生活有机垃圾小型两段式热解气化炉及填埋技术以及分散型农村丘陵地区农业生产和农村生活固体废弃物一体化利用技术农村生活垃圾处置处理技术。

第三，应符合技术成熟度原则。被推荐的农业面源污染防控技术就绪度要达到 6 级以上。

第四，应遵循基于层次分析法的“三维”（技术、经济和环境）技术评价原则。

第五，应遵循技术的因地施策原则，不同技术要结合流域特点，具体情况具体分析，采用“一域一策”原则。

6.6.2　技术选择的基本方法

流域农业面源污染防控技术的选择需要按照层次分析法筛选技术，对于关键技术参数不符合要求或匹配度较差的技术进行逐层筛除，综合评判后选择符合要求或相对优越的防治技术。

6.7　流域尺度农业面源污染防控整装技术方案

基于所筛选系列农业面源污染关键防治技术，进行综合集成，整装构建“种植、养殖、农村生活”等各类主要污染源空间全覆盖、“源头消减、过程控制、末端处理”等关键节点全过程的流域尺度时空一体化农业面源污染整装控制技术模式。在技术整装时，需要统筹考虑技术筛选原则和技术选择方法来组合技术。

整装技术需要根据流域水体目标管理要求进行组装。按照五大流域生态环境特点（松花江流域、辽河流域、海河流域、巢湖流域和三峡库区），分别推荐系列整装技术，以实现区域流域清洁。

6.7.1　种植业控氮减磷污染控制整装技术

针对流域内种植业面源污染特征，建立“源头削减－过程拦截–末端利用"为主的流域农业面源污染防控总体思路,采用水肥优化技术、有机肥替代化肥技术、秸秆还田技术和间套轮作技术农田种植业全程控氮减磷成套技术。

6.7.2 养殖业污染减排与废弃物利用整装技术

针对流域内畜禽养殖废弃物污染特征和问题,坚持优化养殖方式,针对饲喂、清粪、废弃物资源化利用关键环节,以推动养殖废弃物资源化利用为主轴,面向生猪、奶牛、家禽三大主要养殖动物,采用生物发酵床技术、高效堆肥微生物技术为主的禽养殖废弃物循环利用与区域污染减排成套技术。

通过养殖废弃物的资源化利用实现区域种养平衡和流域清洁,为水污染防治行动计划畜禽养殖污染防治的实施提供有力支撑。

6.7.3 农村生活污染控制整装技术

针对农村生活污染物产生、排放、输移特征和问题,以"源头削减–过程拦截–末端尾水利用"指导思想,采用复合塔式生物滤池农村生活污水处理、立体循环一体化氧化沟、易腐生活垃圾水解–甲烷化–好氧稳定化技术和厌氧生物膜反应池+跌水曝气+人工湿地农村生活污染控制成套技术。

通过厌氧池+土壤净化床/或人工湿地治理模式、生物处理+反硝化生态滤池治理模式、调节池+一体化污水处理设备+生态池地上式污水治理模式和多级多段 AO 生化处理+活水生态系统地上式污水治理模式众多相关技术模式的推广应用为流域水质改善及水污染防治行动计划农村环境综合整治的实施提供有力支撑。

6.8 效益评估

从环境、经济和社会效益方面对技术方案进行三维评估(表6-1)。以关键技术的各项应用效果指标参数为基础,定量或定性分析评估流域技术方案实施后将会产生的环境效益、经济效益和社会效益。

（1）评估技术方案实施后环境效益　应明确流域 COD_{cr}、TN、TP 和 NH_3-N 主要污染物的减排情况；应给出种植、养殖、农村生活主要污染源减排及相对贡献情况。

（2）评估技术方案实施后经济效益　需明确流域内无须经济补贴、经济补贴低和经济补贴较低 3 种情况；应明确耕地生产率、农业劳动生产率和每人平均纯收入的高低。

（3）评估技术方案实施后社会效益　应明确流域内生活垃圾、生活污水处理设施建设、运行的情况；应明确流域内农业面源污染防控技术的贡献率、废弃物资源利用情况。

表 6-1　流域农业面源污染防控技术方案实施效益评估（样表）

流域概况	技术模式概述	方案实施前污染物排放				方案实施后污染物排放			
			总氮/t	总磷/t	化学需氧量/t		总氮/t	总磷/t	化学需氧量/t
		农田				农田			
		养殖				养殖			
		生活				生活			
		总计				总计			

流域概况	技术模式概述	减排效益				环境效益	经济效益	社会效益	主体对象满意度	备注
			总氮/t	总磷/t	化学需氧量/t					
		农田								
		养殖								
		生活								
		总计								

第七章　巢湖流域农业面源污染防控技术方案

　　巢湖为全国五大淡水湖之一，是长江下游重要生态湿地，也是全国水污染重点防治的"三河三湖"之一。长期以来，巢湖在调蓄流域洪水、保障城乡用水、发展农业灌溉、促进江湖水运、降解入江污染负荷、维护生物多样性和推动区域协同发展等方面发挥了巨大作用。但受地形、降水、江湖关系等自然因素制约和人类活动等影响，巢湖流域河湖污染、岸线崩塌、水系萎缩、湿地消失、生态退化等问题较为突出，是全国水污染重点防治的"三河三湖"之一。为治理水旱灾害，保护河湖环境，修复流域生态，支撑区域发展，自2011年行政区划调整以来，围绕"大湖名城、创新高地"的战略定位和力争在全国"三湖"中率先变好的坚定信心，合肥市委、市政府把巢湖治理与保护工作摆上特别重要议事日程，以更宽视野、更大决心、更严标准、更快步伐全面推进巢湖治理、保护与修复，努力把巢湖打造成中华大地上的一颗璀璨明珠。

　　与太湖、滇池相比，巢湖综合治理起步迟、投入少，基础研究也较薄弱，但合肥市在"三湖"中率先提出较为系统的湖泊治理与保护顶层设计，提出并积极实践"理论体系、关键技术、体制机制、工作方式"四大创新，开辟湖泊治理的巢湖之路，形成大湖治理的合肥模式。以"水质改善、国控断面达标、蓝藻抑制"为目标，按照"治湖先治河，治河先治污，治污先治源"的总体要求，合肥市启动了以环巢湖地区生态保护与修复工程为主要内容的环巢湖生态示范区建设，工程分期实施，项目按照"实施一批、储备一批、谋划一批"的要求，交叉进行、逐步深入、统筹推进。

7.1 自然环境

7.1.1 地理位置

巢湖流域位于安徽省腹地，长江流域下游左岸，流域总面积 1.35 万 km^2，占安徽全省总面积的 9.6%。巢湖是全国五大淡水湖之一，是合肥市、巢湖市等环湖城乡的重要水源地，是长江下游重要生态湿地，也是全国水污染重点防治的"三河三湖"之一。巢湖湖底高程一般为 5.0~6.0 m，正常蓄水位 8.0 m 时相应湖面面积 755 km^2，容积 17 亿 m^3；设计防洪水位 12.5 m 时相应湖面面积 780 km^2，容积 52.0 亿 m^3。

7.1.2 水资源状况与利用情况

7.1.2.1 水资源状况

巢湖流域水资源量丰富，年均地表水资源总量为 53.6 亿 m^3，巢湖闸上年均入湖水量 34.9 亿 m^3，年均出湖水量 30 亿 m^3。其中，杭埠河注入巢湖的水量最大，其次为南淝河、白石天河，分别占总径流量的 55.1%、10.9% 和 9.4%。

7.1.2.2 河流水系

巢湖流域河流众多，流域内共有大小河流 33 条，呈放射状汇入巢湖，其中有 9 条主要河流，即西北部的南淝河、十五里河、派河，西南部的丰乐河、杭埠河、白石天河，东北部的柘皋河、双桥河，东南部的兆河。这 9 条主要河流中，杭埠河、南淝河、白石天河 3 条河流入湖径流量占 75% 以上。其中，杭埠河注入巢湖的水量最大，其次为南淝河、白石天河，分别占总径流量的 55.1%、10.9% 和 9.4%。

7.2　社会经济状况

7.2.1　行政区划

巢湖流域主要包括合肥、六安、芜湖、马鞍山4市14县（市、区），流域总面积1.35万km²，占安徽省总面积的9.6%。根据各县市区2014年统计年鉴，巢湖流域人口总计约1 059.08万，人口密度约784人·km⁻²。

7.2.2　农业生产概况

（1）种植业　种植业以水稻、小麦、油菜、棉花、蔬菜等为主，耕地面积41.60万hm²，园地1.20万hm²。农业用地地形主要为平地，面积为36.50万hm²，缓坡地和陡坡地面积分别为5.60万hm²和0.70万hm²。种植制度一年两熟，冬季主要种植小麦、油菜等，夏季主要种植稻谷、玉米、蔬菜等。巢湖流域主要种植模式为水田，包括稻-油轮作、单季稻，种植面积分别为7.0万hm²、5.8万hm²。

（2）畜禽养殖　畜禽养殖业是流域重要产业，养殖品种主要包括猪、牛及家禽等。据2014年各地区统计年鉴，巢湖流域奶牛存栏量16.50万头，生猪出栏量达204.05万头，家禽出栏量11 327万只，养殖数量大，强度高，主要分布在长丰县、肥东县和无为县。

（3）水产养殖　流域内水产养殖业较发达，种类以鱼类、虾蟹类、贝类类为主，主要分布在长丰县、肥西县、巢湖市、庐江县等。根据2018年统计年鉴，巢湖流域内各县市区水产养殖总产量中鱼类、虾蟹类、贝类和其他类分别为17.68万t、5.59万t、0.31万t和0.37万t。

7.3　水环境现状

7.3.1　水质总体情况

2015 年，巢湖流域共布设 23 个国控断面（点位），其中有河流断面 14 个，湖泊点位 8 个，主要水库点位 1 个，按《地表水环境质量标准》（GB 3838—2002）中除水温、TN、粪大肠菌群以外的 21 项指标进行评价，总体评价结果为中度污染。14 个河流断面中，Ⅲ类以上的有 10 个，劣Ⅴ类的有 4 个。13 个湖体（水库）点位中，Ⅲ类以上的有 1 个，Ⅳ类的有 5 个，Ⅴ类的有 3 个。

7.3.2　湖体水质状况

巢湖湖体水质主要受 N、P 营养盐与耗氧有机物的污染，2015 年全湖综合水质属于Ⅲ-Ⅳ类，局部劣于地面Ⅴ类水标准，主要是 TN、TP 超标，全湖呈富营养化状态，其中合肥市饮用水源所在地的塘西水域尤为严重。监测数据显示，巢湖平均耗氧量为 18 mg·L^{-1}。在巢湖水之中，东半湖区水质中度污染，水体呈轻度富营养状态；西半湖区水质污染较为严重，水体呈中度富营养状态。

7.3.3　出入湖河流水质状况

据环境监测部门数据显示，在主要环湖河流中，柘皋河水质为优，白石天河、兆河和裕溪河水质为良好，其中柘皋河、店埠河肥东引用水源农业用水区、西河无为过渡区与工业用水引用水源区以及牛屯河水质符合Ⅲ类；裕溪河、兆河、西河庐江工业农业用水过渡区以及派河上段水质符合Ⅳ类。杭埠河是巢湖第一大入水河，其入湖水量占总入湖水量的 55.1%，耗氧量高达 12.8 mg·L^{-1}。南淝河是巢湖第二大入水河，也是入湖河道污染最为严重的河道之一。

7.4 流域解析及问题识别

7.4.1 巢湖流域污染源解析

农业面源污染物的排放是导致巢湖流域富营养化的主要原因。据统计，2014 年巢湖全流域 COD_{cr}、NH_3-N、TN、TP 排放量分别为 23.63 万 t、2.33 万 t、1.25 万 t、0.45 万 t。其中，农业源 4 种污染物排放量分别为 12.80 万 t、0.99 万 t、1.25 万 t、0.45 万 t，农业源 COD_{cr}、NH_3-N、TP 排放量分别占全流域排放总量的 54.21%、42.32%、99.97%。巢湖流域最大的 COD_{cr} 农业排放源是畜禽养殖业，占 72.47%；其次为农村生活污染，占 25.84%。NH_3-N 主要来源畜禽养殖业，占 63.46%，其次为种植业流失，占 32.66%。TN 主要来源于畜禽养殖业，占 79.17%；农村生活污染贡献率最小，占 13%。TP 主要来源为畜禽养殖业和种植业，分别占 65.99% 和 30.13%（图 7-1）。

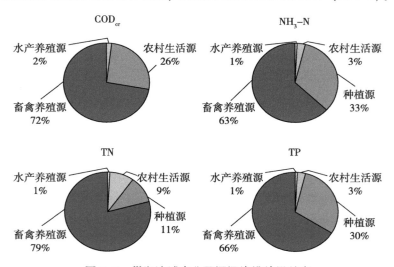

图 7-1 巢湖流域农业面源污染排放贡献率

流域总等标排放量为 5.14 万 t，在空间分布上具有一定的差异性，呈现出西北高东南低的特征，经济水平高、人口数量较少的中部 4 区，污染物等标排放量相对较少。高强度的污染物排放主要集中在杭埠河、丰乐河和店埠河，导致巢湖水质较差。农村生活污染物排放：杭埠河流域占 31.9%、南淝河流域占 21.6%、兆河流域占 19.3%。

7.4.2 巢湖流域污染源问题识别

7.4.2.1 种植业结构不合理

大部分地区化肥施用强度大，施肥方法不当。2014 年，巢湖流域化肥施用量为 45.53 万 t，施用强度为 377.07 kg·hm^{-2}，高于发达国家警戒线（225 kg·hm^{-2}）。除金安区、包河区之外，其他县（区）化肥施用强度均高于国际化肥施用安全限值。其中，庐阳区指标值较高，化肥施用量高达 1 160.59 kg·hm^{-2}，是化肥施用安全上限的 5.16 倍（图 7-2）。主要原因是庐阳区的种植业以蔬

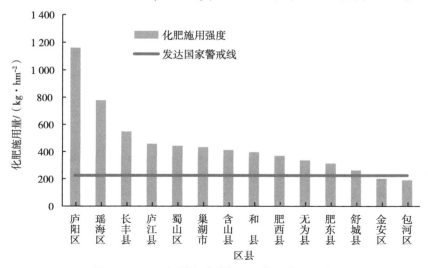

图 7-2 2014 年巢湖流域各区县化肥施用强度

菜为主，蔬菜播种面积占总播种面积的 66.18%。施肥结构不合理，N 肥施用量过大，P、K 肥及有机肥施用不足，氮磷钾之比为 1∶0.4∶0.4（图 7-3）。

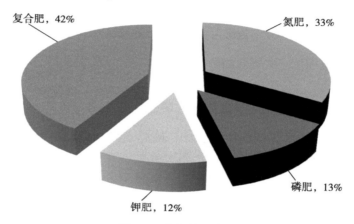

图 7-3　化肥施用情况

大部分地区农药施用强度高，技术落后。2014 年巢湖流域农药施用量为 1.13 万 t，使用强度为 9.32 kg·hm^{-2}，高于发达国家对应限制（7 kg·hm^{-2}）。多数县（市、区）农药使用量都在最大安全限值之上，其中，舒城县农药使用量超过 22 kg·hm^{-2}，是发达国家农药使用限值的 3.14 倍（图 7-4）。

7.4.2.2　畜禽粪便无害化处理率较低

近年来，巢湖流域畜禽养殖业发展迅猛，分布了大量的规模化养殖场、养殖农户，畜禽养殖粪便去除率不高，污染物排放量巨大。种植源 COD$_{cr}$、NH$_3$-N、TN、TP 排放量分别达 9.28 万 t、0.63 万 t、0.99 万 t、0.30 万 t，分别占全流域农业源排放总量的 98%、65%、30%、68%（图 7-5）。

从排放量来看，长丰县、肥西县、肥东县、舒城县和金安区是巢湖流域畜禽养殖污染最为严重的区域。长丰县、肥西县、肥东

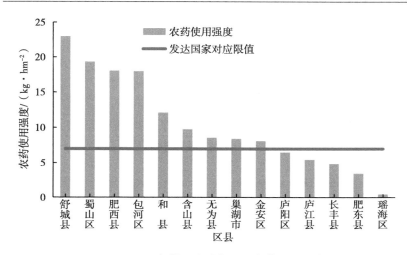

图7-4 2014年巢湖流域各区县农药使用强度

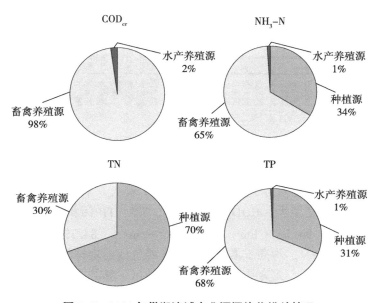

图7-5 2014年巢湖流域农业源污染物排放情况

县、舒城县和金安区 5 个区县 COD_{cr}、NH_3-N、TN、TP 排放量分别占全流域畜禽养殖源排放总量的 84.31%、62.43%、70.00%、66.15%。其他 9 个区县畜禽污染物排放量相对较少，COD_{cr} 排放量均低于巢湖流域排放的均值（图 7-6）。

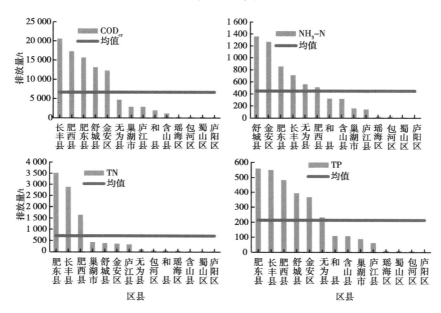

图 7-6　2014 年巢湖流域畜禽养殖污染物排放量

从排放强度来看，瑶海区、肥西县、长丰县、舒城县、金安区、肥东县畜禽养殖污染物排放强度较大。其中，瑶海区污染物排放强度最大，COD_{cr}、NH_3-N、TN、TP 污染物排放强度分别为 376.94 kg · hm^{-2}、39.44 kg · hm^{-2}、84.79 kg · hm^{-2}、17.26 kg · hm^{-2}，均高于巢湖流域畜禽养殖污染物排放均值的 4 倍以上（图 7-7）。无为县、巢湖市、包河区、和县、含山县、庐江县、庐阳区、蜀山区等 9 个区县畜禽污染物排放强度相对较小，其他区县污染物排放均低于流域畜禽污染物排放均值。

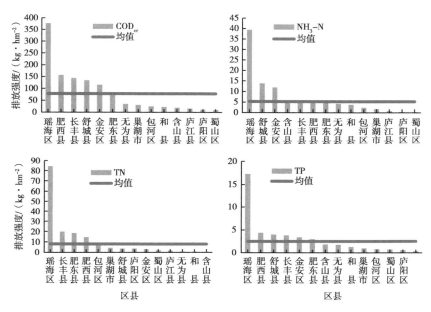

图 7-7　2014 年巢湖流域畜禽养殖污染物排放强度

7.4.2.3　农村生活污水

农村污水收集排水系统仍停留于自然沟渠状态。派河流域农村人口约 10.23 万人，有污水收集设施的仅 3 万人。抱书河流域农村人口有 17 615 人产生的生活污水，通过沟渠或地表径流等进入河道。鸡裕河流域内约 91% 的村庄均无生活污水集中处理设施，生活污水主要通过明渠排入村边塘或者农田。63% 的村庄生活垃圾未能集中收集转运。部分区域 COD_{cr} 负荷贡献率较大，庐阳区、蜀山区、包河区、庐江县、含山县 COD_{cr} 负荷贡献率达到 50% 以上（图 7-8）。

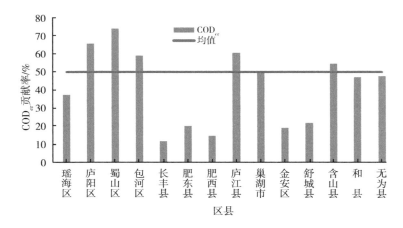

图 7-8　不同区域农村生活 COD$_{cr}$ 贡献率

7.4.2.4　水产养殖业

巢湖的渔业发展较快，养殖面积逐年增加，已对水体造成了负面影响。水产养殖业的污染主要体现在过量抛撒饲料上，过量的饲料残留在湖泊中，同时防治渔业病虫害时使用的药物也会对湖泊水体产生不利的影响。

7.5　小流域污染源调查及解析

结合《国家级巢湖生态文明先行示范区建设一期工程可研报告》，对巢湖流域内的白石天河、派河、店埠河、裕溪河、抱书河、柘皋河、鸡裕河、炯炀河、马槽河、蒋口河 10 个生态清洁小流域开展污染源解析（表 7-1）。

表7-1 巢湖流域各小流域基本情况

序号	干流	一级支流/条	二级支流/条	小流域个数/个	治理单元/个	流域面积/km²
1	白石天河	7	7	21	16	710
2	派河	10	3	24	17	585
3	店埠河	6		17	7	580
4	裕溪河	2	3	21	7	356
5	抱书河			3	1	25
6	柘皋河	9	8	27	12	528
7	鸡裕河			4	4	110
8	炯炀河	2	4	9	9	70
9	马槽河			4	4	144
10	蒋口河	4		6	6	103
合计		40	25	136	81	3 212

7.5.1 白石天河流域

白石天河位于庐江县北部，自西南向东北入巢湖，全长 35.5 km，流域面积709.81 km²，根据白石天河流域内的水系现状、地势、水系的汇水范围及行政区划将整个流域划分为15个小流域及1个入湖小流域。

7.5.1.1 污染源分布和组成

白石天河水体面临的污染种类繁多，可分成点源、面源及内源三大类别。污染源分布特点：区域污染源分布不均，城镇地表径流、城镇生活污染主要集中在流域内的镇区，农村生活污染、畜禽散养、农田地表径流主要分布在河道两岸的圩区，工业企业主要分布在镇区和乡镇的工业园区。内源为底泥释放（表7-2）。

7.5.1.2 污染负荷与结构分析

白石天河污染物主要来源于农业面源污染，COD_{cr}、NH_3-N、TN、TP 4 种污染物排放量贡献率均在 80% 以上。农村生活和畜禽养殖业污染贡献率比重较大（图 7-9）。

表 7-2 白石天河污染物排放情况 单位：$t \cdot a^{-1}$

污染源类型	种类	COD_{cr}	NH_3-N	TN	TP
点源污染	城镇生活	716.56	97.16	121.45	8.74
	工业废水	106.15	10.11	15.97	1.07
	污水处理厂	18.25	1.83	5.48	0.18
农业面源污染	农村生活	2 611.83	167.16	339.54	36.57
	种植业	1 656.02	150.91	524.81	32.28
	水产养殖	4.90	0.19	0.48	0.09
	规模化养殖	1 153.03	51.38	129.51	10.80
	畜禽散养	1 401.10	81.82	208.53	17.28
内源	底泥释放	8.76	1.43	9.26	1.17
合计		7 676.60	561.99	1 355.03	108.18

7.5.2 派河流域

派河位于合肥市西南方向，东南向流，全长约 60 km，流域面积达 585.04 km²。根据派河流域内的水系现状、地势、水系的汇水范围将整个流域划分为 17 个小流域。

7.5.2.1 污染源分布和组成

派河流域水体面临的污染种类繁多，可分成点源、面源及内源三大类别。其中，点源包括工业废水和污水厂排污。农业面源污染包括农村生活污染、种植业污染和畜禽养殖污染。内源为底泥释放。

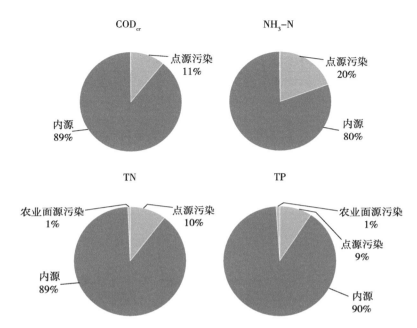

图7-9 白石天河各类污染物排放量分布

7.5.2.2 污染负荷与结构分析

派河流域以农业面源污染为主，COD_{cr}、NH_3-N、TN、TP 4 种污染物贡献率分别在50%以上（表7-3，图7-10）。

表7-3 派河流域污染物排放情况　　　　单位：$t \cdot a^{-1}$

污染源类型	污染源分类	COD_{cr}	NH_3-N	TN	TP
点源	工业企业	34.68	2.07	0.04	0.02
	污水处理厂	2 014.58	117.82	676.89	17.79
	小计	2 049.26	119.89	676.93	17.81

（续表）

污染源类型	污染源分类	COD$_{cr}$	NH$_3$-N	TN	TP
农业面源	农村生活	1 872.32	119.83	243.40	26.21
	畜禽散养	588.53	11.08	44.57	8.09
	规模化养殖	6 062.60	150.94	380.06	66.40
	种植业	1 520.29	122.43	465.58	29.96
	水产养殖	277.31	10.98	27.34	4.86
	小计	10 321.05	415.26	1 160.95	135.52
内源	底泥释放	403.43	65.89	426.34	53.95
总计		12 773.74	601.04	2 264.22	207.28

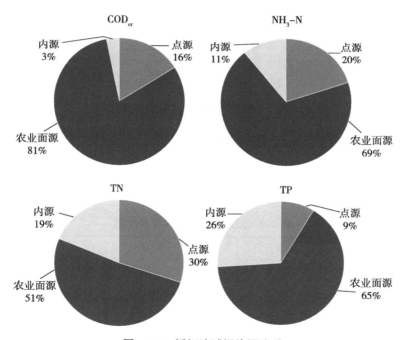

图 7-10　派河流域污染源比重

7.5.3　店埠河流域

为方便店埠河流域水质目标的考核，按照流域相邻、污染源类型较一致以及同属一个上级子流域的原则，将店埠河流域划分的17个子流域合并为7个治理单元，总面积579.60 km²。

7.5.3.1　污染源分布和组成

店埠河流域水体面临的污染种类繁多，可分成点源、面源及内源三大类别。其中，点源包括城镇生活、工业企业和污水厂排污。农业面源污染包括农村生活污染、畜禽散养、规模化养殖、种植业污染和水产养殖污染。内源为底泥释放。

7.5.3.2　污染负荷与结构分析

店埠河流域以农业面源污染为主，COD_{cr}、NH_3-N、TN、TP 4 种污染物贡献率均在60%以上。农业面源污染以农村生活和规模化畜禽养殖为主（表7-4，图7-11）。

表 7-4　店埠河流域污染物排放情况　　单位：$t \cdot a^{-1}$

污染源分类		COD_{cr}	NH_3-N	TN	TP
点源	城镇生活	1 231.3	167.0	208.7	15.0
	工业企业	1 095.0	164.3	328.5	11.0
	污水处理厂	1 104.1	110.4	331.2	9.4
农业面源	农村生活	4 716.2	301.8	613.1	66.0
	畜禽散养	523.6	29.4	74.9	8.3
	规模化养殖	4 364.2	339.2	862.2	54.5
	种植业	1 327.4	125.9	394.3	24.0
	水产养殖	608.5	24.0	60.1	10.7
内源	底泥释放	50.4	8.2	53.3	6.7
合计		15 020.7	1 270.2	2 926.3	205.6

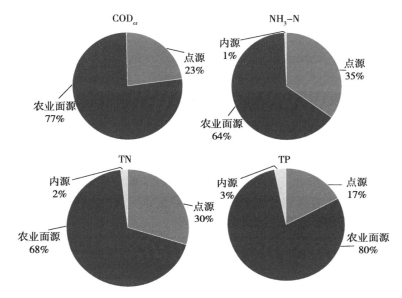

图 7-11　店埠河流域污染源比重

7.5.4　裕溪河流域

　　结合裕溪河流域地形地貌，对流域范围内划分成 6 个小流域分别为清溪河上游流域、清溪河中下游流域、汤河流域、杜庵河-北山渠流域、漕河流域、太湖山区域。

7.5.4.1　污染源分布和组成

　　裕溪河流域水体面临的污染种类繁多，可分成点源、面源及内源三大类别。其中，点源包括城镇生活、工业企业和污水厂排污。农业面源污染包括农村生活污染、规模化养殖、种植业污染和水产养殖污染。内源为底泥释放。

7.5.4.2　污染负荷与结构分析

　　裕溪河流域污染物排放量以农业面源污染为主，COD_{cr}、NH_3-N、

TN、TP 4 种污染物贡献率均在 60% 以上。农业污染源以农村生活为主（表 7-5，图 7-12）。

表 7-5　裕溪河流域污染物排放情况　　　　单位：$t \cdot a^{-1}$

污染源分类		COD_{cr}	NH_3-N	TN	TP
点源	城镇生活	645.04	87.46	109.33	12.88
	工业污水	173.21	15.59	24.25	2.77
	污水处理厂	0.00	0.00	0.00	0.00
农业面源	农村生活	1 208.39	77.34	157.09	16.92
	规模化养殖	822.85	27.19	69.03	7.47
	种植业	913.56	92.06	278.55	16.52
	水产养殖	198.50	8.94	12.29	2.17
内源	底泥释放	39.92	6.52	21.09	2.67
合计		4 001.47	315.10	671.63	61.40

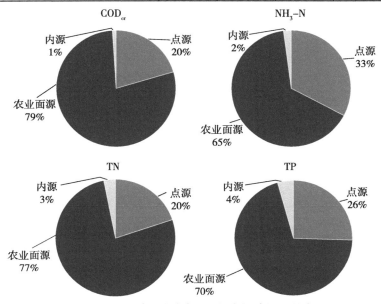

图 7-12　裕溪河流域农业面源各污染源贡献率

7.5.5 抱书河流域

抱书河流域位于巢湖市老城区东南部，地势自西北向东南倾斜，是裕溪河左岸的一条支流，总长 6.58 km。

7.5.5.1 污染源分布和组成

抱书河流域水体面临的污染种类繁多，可分成点源、面源及内源三大类别。其中，点源包括城镇生活和污水厂排污。农业面源污染包括农村生活污染、畜禽散养、种植业污染。内源为底泥释放。

7.5.5.2 污染负荷与结构分析

抱书河流域 COD_{cr}、NH_3-N、TN、TP 4 种污染物排放量分别为 1 616.4 t·a^{-1}、75.9 t·a^{-1}、372.0 t·a^{-1}、26.4 t·a^{-1}。其中，NH_3-N、TN、TP 排放量以点源污染为主，3 种污染物贡献率均在 50% 以上，COD_{cr} 贡献率则以农业面源为主（表 7-6，图 7-13）。

表 7-6 抱书河流域污染物排放情况　　　单位：t·a^{-1}

污染源分类		COD_{cr}	NH_3-N	TN	TP
点源	城镇生活	133.5	18.1	22.6	1.6
	污水处理厂	572.1	25.7	271.9	13.3
	小计	705.6	43.8	294.5	14.9
农业面源	农村生活	321.5	20.6	41.8	4.5
	畜禽散养	66.4	3.8	9.8	0.8
	规模化养殖	483.9	4.9	12.1	5.2
	种植业	38.2	2.7	13.0	0.9
	小计	910.0	32.0	76.7	11.4
内源	底泥释放	0.76	0.12	0.81	0.1
合计		1 616.4	75.9	372.0	26.4

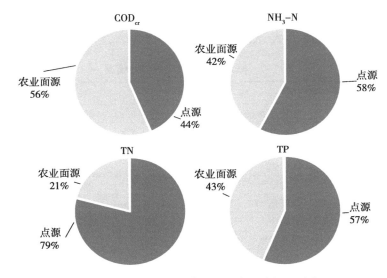

图 7-13　抱书河流域农业面源各污染源贡献率

7.5.6　柘皋河流域

柘皋河流域西、北、东三面环山，南面濒临巢湖，岗地起伏绵亘，山丘圩交错，河道纵横，地形复杂，流域内总的地势是北高南低。结合柘皋河流域地形地貌，对流域范围内划分成 27 个小流域。将 27 个子流域合并为 12 个小流域治理单元，总面积 528.30 km²。

7.5.6.1　污染源分布和组成

柘皋河流域水体面临的污染种类繁多，可分成点源、面源及内源三大类别。其中，点源包括城镇生活和污水厂排污。农业面源污染包括农村生活污染、畜禽散养、种植业污染。内源为底泥释放。

7.5.6.2　污染负荷与结构分析

柘皋河流域以农业面源污染为主，COD_{cr}、NH_3-N、TN、TP

4 种污染物贡献率均在 80% 以上。农业面源污染以农村生活和种植业污染为主（表 7-7，图 7-14）。

表 7-7　柘皋河流域污染物排放情况　　　　单位：t·a⁻¹

污染源分类		COD$_{cr}$	NH$_3$-N	TN	TP
点源	城镇生活	1 047.5	142.0	177.5	12.8
	工业污水	26.5	2.4	3.7	0.4
	污水处理厂	11.0	2.7	4.4	0.3
农业面源	农村生活	3 145.5	201.3	408.9	44.0
	畜禽散养	1 348.1	109.5	281.4	20.8
	规模化养殖	1 606.4	75.7	192.7	15.5
	种植业	2 700.3	272.1	823.3	48.8
	水产养殖	161.2	6.4	15.9	2.8
内源	底泥释放	29.8	4.9	31.5	4.0
合计		10 076.3	817.0	1 939.3	149.4

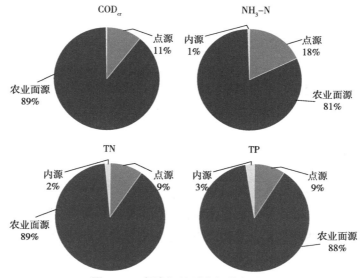

图 7-14　柘皋河流域各污染源比重

7.5.7 鸡裕河流域

鸡裕河流域位于巢湖北部，自北向南注入巢湖，流域总面积约110 km²，其中圩区面积8.2 km²。整个流域划分为4个小流域，即为鸡裕河小流域、西宋河小流域、小李河小流域和东李河小流域。

7.5.7.1 污染源分布和组成

鸡裕河流域水体面临的污染种类繁多，可分成点源、面源及内源三大类别。其中，点源包括城镇生活和污水厂排污。农业面源污染包括农村生活污染、畜禽散养、种植业污染。内源为底泥释放。

7.5.7.2 污染负荷与结构分析

鸡裕河流域以农业面源污染为主，COD_{cr}、NH_3-N、TN、TP 4种污染物贡献率均在50%以上（表7-8，图7-15）。

表7-8 鸡裕河流域污染物排放情况　　　单位：$t \cdot a^{-1}$

污染源类型		COD_{cr}	NH_3-N	TN	TP
点源	工业企业	3 153	25.2	57.6	9.8
农业面源	农村生活	880	4.0	10.2	1.8
	畜禽散养	629	17.7	31.9	3.1
	规模化养殖	664	22.6	32.5	3.8
	种植业	1 242	46.8	343.0	58.6
	水产养殖	634	76.5	223.0	4.8
内源	底泥释放	113	18.4	119.0	15.1
合计		7 315	211.2	817.2	97.0

7.5.8 焬炀河流域

焬炀河主河道长约3.14 km，流域面积87.0 km²，其中山丘区83.7 km²，圩区3.3 km²。流域地势西北高、东南低，沿河两岸为平畈地。根据流域相邻、污染源类型较一致的原则，将流域划分为

9 个小流域治理单元，总面积 70.27 km²。

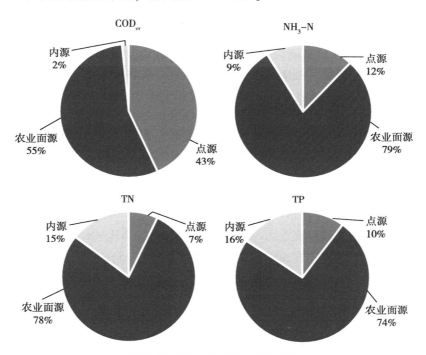

图 7-15　鸡裕河流域污染源比重

7.5.8.1　污染源分布和组成

烔炀河流域水体面临的污染种类繁多，可分成点源、面源及内源三大类别。其中，点源包括城镇生活和污水厂排污。农业面源污染包括农村生活污染、畜禽散养、种植业污染。内源为底泥释放。

7.5.8.2　污染负荷与结构分析

烔炀河流域以农业面源污染为主，COD_{cr}、NH_3-N、TN、TP 4 种污染物贡献率均在 80% 以上。农业面源污染以农村生活为主（表 7-9，图 7-16）。

表 7-9 焖炀河污染物排放情况 单位：t·a⁻¹

污染源类型		COD_{cr}	NH₃-N	TN	TP
点源	城镇生活	233.5	31.7	39.6	2.8
	工业企业	3.3	0.5	0.0	0.0
	污水处理厂	0.0	0.0	0.0	0.0
农业面源	农村生活	1 070.8	68.5	139.2	15.0
	畜禽散养	73.0	4.6	11.8	1.2
	规模化养殖	216.3	5.6	13.8	1.9
	种植业	374.0	18.0	110.1	8.0
	水产养殖	44.0	1.7	4.3	0.8
内源	底泥释放	9.8	0.9	10.4	0.6
合计		2 024.7	131.5	329.2	30.3

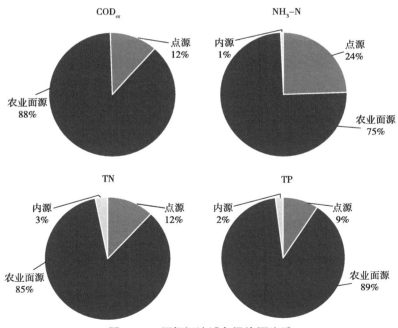

图 7-16 焖炀河流域各污染源比重

7.5.9 马槽河流域

马槽河位于庐江县汤池、郭河镇境内，流域面积 144 km²，河道总长 33.5 km。根据流域地形和水系分布情况，将马槽河流域从南到北细分为 2 个子流域，总面积 143.98 km²。

7.5.9.1 污染源分布和组成

马槽河流域水体面临的污染种类繁多，可分成点源、面源及内源三大类别。其中，点源包括城镇生活和污水厂排污。农业面源污染包括农村生活污染、畜禽散养、种植业污染。内源为底泥释放。

7.5.9.2 污染负荷与结构分析

马槽河流域 COD_{cr}、NH_3-N、TN、TP 4 种污染源入河量分别为 921.28 t·a⁻¹、97.96 t·a⁻¹、286.47 t·a⁻¹、24.77 t·a⁻¹。其中，COD_{cr}、NH_3-N 主要来源于点源，TN、TP 主要来源于面源（表7-10，图7-17）。

表7-10　马槽河流域污染物入河情况　　　　　单位：t·a⁻¹

污染源类型		COD_{cr}	NH_3-N	TN	TP
点源	城镇生活	484.67	68.37	84.82	7.01
	工业企业	1.68	0.11	0.30	0.03
	污水处理厂	36.50	3.65	10.95	0.37
农业面源	农村生活	116.59	7.46	53.63	10.49
	畜禽散养	103.45	4.12	10.48	1.61
	规模化养殖	49.41	2.31	5.84	0.46
	种植业	109.85	8.87	100.67	2.29
	水产养殖	0.46	0.02	0.05	0.01
内源	底泥释放	18.67	3.05	19.73	2.50
合计		921.28	97.96	286.47	24.77

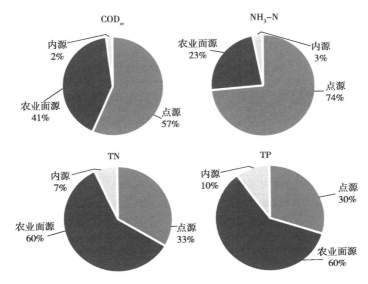

图 7-17 马槽河流域污染源比重

7.5.10 蒋口河流域

蒋口河位于安徽省合肥市肥西县东南部，全流域面积 103.4 km²，其中，圩内总面积 22.9 km²。流域内 4.6 万人。根据蒋口河流域内的水系现状、地势、水系的汇水范围将整个流域划分为 6 个子流域。

7.5.10.1 污染源分布和组成

蒋口河流域水体面临的污染种类繁多，可分成点源、面源及内源三大类别。其中，点源包括城镇生活和污水厂排污。农业面源污染包括农村生活污染、畜禽散养、种植业污染。内源为底泥释放。

7.5.10.2 污染负荷与结构分析

蒋口河流域以农业源污染为主，COD_{cr}、NH_3-N、TN、TP 4 种

污染物农业面源贡献率均在 90% 以上。农业面源污染排放量以农村生活为主（表 7-11，图 7-18）。

表 7-11　蒋口河流域污染物排放情况　　　　　　单位：t·a⁻¹

污染源分类		COD_{cr}	NH_3-N	TN	TP
点源	工业企业	1.5	0.10	0.20	0.02
	污水处理厂	10.4	1.04	3.11	0.10
农业面源	农村生活	893.2	57.17	116.12	12.51
	畜禽散养	14.5	0.92	2.33	0.17
	规模化养殖	204.6	14.05	35.80	2.02
	种植业	355.8	34.66	108.75	6.54
内源	底泥释放	5.3	0.87	5.64	0.71
合计		1 485.3	108.81	271.95	22.07

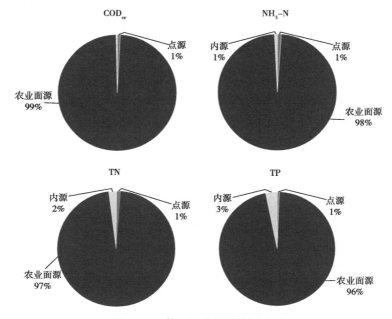

图 7-18　蒋口河流域污染源比重

7.6　小流域分区管控

7.6.1　小流域划分

以农业面源污染类型的柘皋河流域为例，按照《国家级巢湖生态文明先行示范区建设一期工程可研报告》小流域治理单元，开展小流域分区治理。

柘皋河流域总面积 528 km²，涉及庙岗乡、栏杆集镇、苏湾镇、夏阁镇、柘皋镇、中垾镇，常住人口约 22.1 万人，其中农村常住人口 17.24 万人，耕地面积约 46.5 万亩，养殖户数为 165 家。共有 12 个小流域治理单元（表 7-12）。

表 7-12　店埠河流域 12 个子流域概况

干流	子流域名称	流域内镇区	面积/km²	农村常住人口/人	耕地/亩	规模化畜禽养殖/户
柘皋河	金府河流域	庙岗乡、柘皋镇	61.6	20 107	67 890	12
	龙山河与跃子山河流域	栏杆集镇、苏湾镇、柘皋镇	84.7	22 867	80 685	10
	板桥河流域	夏阁镇、柘皋镇	43.0	16 007	44 250	20
	夏阁河上游流域	夏阁镇	31.9	11 343	24 315	3
	夏阁河中游流域	夏阁镇	45.9	15 397	37 890	5
	大夏河流域	夏阁镇	19.9	7 977	14 100	4
	西峰河流域	夏阁镇	31.5	12 950	26 400	6
	竹柯河流域	夏阁镇	12.4	4 949	8 820	1
	夏阁河下游流域	夏阁镇、卧牛山街道	25.3	9 670	23 970	1
	大沙河流域	庙岗乡、柘皋镇	65.9	13 028	59 220	27
	柘皋河中游流域	柘皋镇、夏阁镇、中垾镇	82.3	34 545	55 815	64
	柘皋河下游流域	中垾镇	23.9	3 515	21 810	12
	合计		528.3	172 355	465 165	165

7.6.2 子流域污染源解析

面源污染是柘皋河流域污染的主要来源。柘皋河流域 COD_{cr}、NH_3-N、TN、TP 年污染物排放量分别为 10 076.3 t·a⁻¹、817 t·a⁻¹、1 939.3 t·a⁻¹、149.4 t·a⁻¹。其中农业面源相应污染物排放量分别为 8 800.3 t·a⁻¹、658.6 t·a⁻¹、1 706.3 t·a⁻¹、129.1 t·a⁻¹，分别占总排放量的 87.34%、80.61%、87.99%、86.41%（图7-19）。

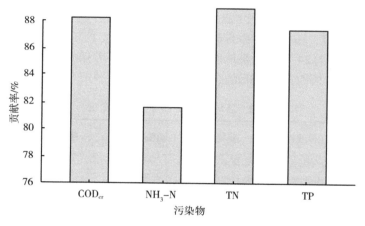

图7-19 柘皋河流域农业面源污染贡献率

柘皋河流域呈综合性污染。COD_{cr} 污染物贡献率大小依次为农村生活>畜禽养殖>种植业，农村生活贡献率为 35.74%；NH_3-N 污染物贡献率大小依次为种植业>农村生活>畜禽养殖；TN 污染物贡献率大小依次为种植业>畜禽养殖>农村生活；TP 污染物贡献率大小依次为种植业>农村生活>畜禽养殖（图7-20）。

面源污染空间分布差异显著。4 种污染物排放量空间分布趋势基本保持一致，柘皋河中游流域、龙山河与跃子山河小流域 2 条小流域污染物排放量相对较大，4 种污染物排放量占总排放量的比例分别为 40%以上（图7-21）。

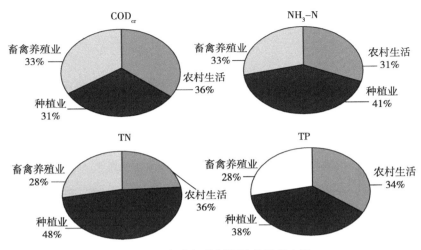

图7-20　柘皋河流域污染物排放占比

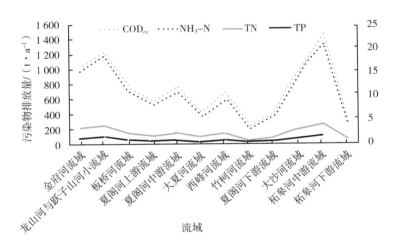

图7-21　柘皋河流域污染物排放量空间分布

　　畜禽养殖氮磷排放强度空间分布差异大。氮磷排放强度趋势基本一致，大夏河流域、西峰河流域、夏阁河上游流域和柘柘皋河中游流域 4 个子流域氮磷排放强度相对较高，TN 排放强度均在 1.40 kg·亩$^{-1}$以上，TP 排放强度均在 0.11 kg·亩$^{-1}$以上（图 7-22）。

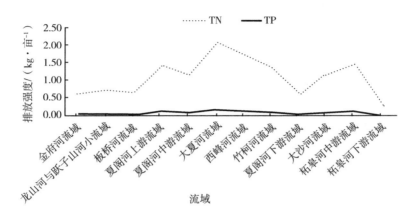

图 7-22　柘皋河流域污染物排放强度空间分布

7.6.3　小流域分区

7.6.3.1　分区原则

将污染物排放量最高集合范围内，面源污染严重，且在无控制情况下，面源污染压力有增加趋势，污染物排放已经达到或超过水环境容量，如果不进行优先控制，水环境质量将急剧下降的区域作为优先治理区域；将氮磷排放强度最高集合范围，如果不进行防控，随着污染物的排放，将有可能超过农田土壤养分消纳的区域作为风险防范区。其他区域作为一般治理区。

7.6.3.2　分区结果

（1）重点治理区　该区域包括金府河流域、龙山河与跃子山河小流域、柘皋河中游流域、大沙河流域（表7-13），涉及农村常住人口11.25万人，15.80万亩，113家规模化养殖场（户）。

表7-13　优先治理区

序号	小流域	重点治理方向
1	金府河流域	种植业
2	龙山河与跃子山河小流域	种植业
3	柘皋河中游流域	农村生活
4	大沙河流域	种植业

（2）风险防控区　该区域包括夏阁河上游流域、大夏河流域、西峰河流域和柘皋河中游流域4个小流域，涉及农村人口6.68万人，耕地12.06万亩，77家规模化养殖场（户）（表7-14）。

表7-14　风险防控区

序号	小流域	重点治理方向
1	夏阁河上游流域	畜禽养殖业
2	大夏河流域	畜禽养殖业
3	西峰河流域	畜禽养殖业
4	柘皋河中游流域	农村生活

（3）一般治理区　该区域包括板桥河流域、夏阁河中游流域、竹柯河流域、夏阁河下游流域、柘皋河下游流域5个子流域，涉及农村人口4.95万，耕地13.67万亩，39家规模化养殖场（户）（表7-15）。

表7-15　一般治理区

序号	小流域	重点治理方向
1	板桥河流域	种植业

序号	小流域	重点治理方向
2	夏阁河中游流域	种植业
3	竹柯河流域	种植业
4	夏阁河下游流域	种植业
5	柘皋河下游流域	种植业

7.7 农业面源污染防控整装技术

在流域农业面源污染防控过程中，需要集成种植业、养殖业和农村生活有关的单项技术，进而形成农业面源污染防控整装技术，在选取和整装时需要遵循相关的原则。其中，种植业和畜禽养殖业面源污染防控的技术选择依据、原则和基本方法，请参考第三章中3.1、3.2和3.3部分。

7.7.1 种植业面源污染防控整装技术

有关种植业面源污染防控整装技术的基本情况（适用范围、技术规程等），请参考第五章中5.2.1部分。在巢湖流域适用的整装技术如下。

7.7.1.1 巢湖流域稻麦轮作-水稻农业面源污染防治整装技术

技术概况：针对巢湖流域水稻种植中因大量施化肥、大水漫灌而导致农田排水中N、P含量高，从而造成农业面源污染问题，筛选集成了水稻炭基肥施用技术。

适用范围：巢湖流域及江淮地区机械化播种的水稻规模种植。

技术规程：

①水稻炭基肥施用技术。炭基肥：45%（22-8-15），施肥量为50 kg·亩$^{-1}$，基施；46%活性增效尿素6 kg·亩$^{-1}$做秒口肥；穗

肥追施 6 kg 氯化钾。

②节水灌溉技术。间歇浅湿节水灌溉。

③秸秆资源化利用技术。秸秆粉碎还田

减排效果：与水稻种植常规施肥和灌溉方式相比，炭基肥技术可减少氮肥施用量 23.6%，减少磷肥施用量 33.3%，水稻产量无显著影响。水稻分蘖期 TN、TP 的减排率分别为 69.8%、52.1%。同时，采用间歇浅湿节水灌溉，可以节水 30% 以上。

7.7.1.2　巢湖流域稻麦轮作-小麦面源污染防治整装技术

技术概况：针对巢湖流域小麦种植中因大量施化肥而导致农田排水中氮磷含量高的问题，筛选集成了小麦生物炭土壤改良剂的施用技术。

适用范围：巢湖及江淮流域。

技术规程：

①生物炭土壤改良剂施用技术。基肥亩施 45% 复合肥 40 kg，尿素 7.5 kg，生物炭土壤改良剂 20 kg · 亩$^{-1}$，与 20 kg 细土混匀，喷施在稻田表面再旋耕；拔节期亩追施尿素 10 kg。

②秸秆资源化利用技术。小麦秸秆粉碎还田。

减排效果：通过在巢湖流域的推广应用试验，该项整装技术可在产量增加 5% 的基础上，减少氮磷流失 25% 以上，同时实现农民收入每亩增加约 180 元。具有良好的环境效益和经济效益。

7.7.1.3　巢湖流域设施辣椒农业面源污染控制整装技术

技术概况：针对巢湖流域设施辣椒种植中高化肥投入、大水灌溉而造成的农业面源氮磷污染问题，筛选集成了巢湖流域设施辣椒膜下水肥一体化技术。

适用范围：巢湖及江淮流域。

技术规程：

①膜下滴管水肥一体化技术。

②覆膜：移栽定植期间，用黑色地膜，宽度以 90 ~ 100 cm 为宜。

③定植 7~10 d 可用滴管浇一次淡肥水，以后根据商情，浇肥水，浇水原则"见干见湿、不干不浇、浇则浇透"，追肥原则"薄肥勤施"。

减排效果：与常规设施辣椒种植模式相比，膜下滴管水肥一体化技术减少氮磷钾肥料的量分别为 23.8%、42.7%、47.1%；无径流排放，不需要除草，病害发生率大大降低，减少了农药的使用。

7.7.1.4　巢湖流域设施芹菜农业面源污染控制整装技术

技术概况：针对巢湖流域设施芹菜化肥施用量偏高、肥料利用率偏低、面源污染严重等问题，筛选集成巢湖流域设施芹菜优化施肥+土壤改良剂+地膜覆盖技术。

适用范围：巢湖流域冬春茬芹菜种植（产量水平 5 000~6 000 kg·亩$^{-1}$）。

技术规程：

①施肥。中等肥力土壤每公顷施入腐熟农家肥 45 000~75 000 kg、三元复混肥（15-15-15）600 ~ 750 kg、松土促根剂 12~30 kg，深翻 20 cm，使土壤与肥料充分混匀，整细耙平，作成 1~1.5 m 宽的平畦。在定植前需用石灰对菜地进行消毒。

②土壤调理剂施用。土壤改良剂：前茬作物收获后，及时翻耕。中等肥力土壤每公顷施入腐熟农家肥 45 000~75 000 kg、三元复混肥（15-15-15）600 ~ 750 kg、松土促根剂 12 ~ 30 kg，深翻 20 cm，使土壤与肥料充分混匀，整细耙平，作成 1 ~ 1.5 m 宽的平畦。

7.7.1.5　减排效果

减量施肥 30%+土壤改良剂（松土促根剂）+液态地膜（生物基膜）技术可以在减量施肥 30% 的基础上，分别提高 N 肥、P 肥和 K 肥利用效率 14.9%、16.7%和 16.7%。

7.7.2　畜禽废弃物无害化处理资源化利用技术

7.7.2.1　生猪养殖污染异位发酵床控制技术

技术概况：异位发酵床污染处理系统是利用好氧发酵原理，将猪粪污集中收集后，传输到专门的发酵车间内，通过自动喷污装置将粪污喷洒于发酵槽垫料中，并通过自动翻抛机进行翻动。生物菌群通过对粪污进行好氧发酵，水分被蒸发，粪污得到降解，从而完全降解粪污水。发酵床的主要成分是稻壳和锯末，其营养含量低，粪污水成为发酵床微生物代谢的主要营养来源。

适用范围与条件：存栏量 3 000 头以上规模化猪场，具备漏缝地板排污系统、自动刮粪或机械清粪设备、或水泡粪等清粪设施，适用异位发酵床处理。

技术规程：

①配套减量化设施设备。全场铺设雨污分流管道、采用全漏缝免冲洗清粪工艺；安装水位计饮水器或碗式饮水器代替鸭嘴式饮水器，并配备高压（200 Pa 左右）水枪。确实做到从源头上最大限度地减少粪污产生量。

②配齐专用设施设备。设施包括集污池、喷淋池、异位发酵池（槽）及其阳光棚等；设备包括污水（泥浆）切割泵、搅拌机、自动喷机、槽式翻抛机和变轨移位机等。

③异位发酵池（槽）容量。在粪污处理区内建造异位发酵池（槽），其容量按每立方米发酵基质每日可发酵处理粪污 30 kg 或每吨粪污需要发酵基质 33 m^3 的参数测算。发酵池（槽）的宽、高分别为 4 m、1.8 m，长度和发酵池（槽）的个数依养猪规模而定。

④发酵原料要求。发酵原料包括发酵基质和发酵菌。发酵基质可选用谷壳、木屑、椰糠、秸秆、蘑菇渣、花生壳粉等，如以谷壳、木屑为原料，两者的重量比为 4：6；发酵基质每年补充量约

为 1/3。发酵菌应选用耐高温的专用菌种，首次添加时每 3 m³ 发酵基质添加 1 kg 菌液，均匀地撒到发酵基质表面。

⑤粪污喷淋要求。将发酵基质一次性装填到发酵池（槽）内，装填高度 1.5~1.6 m，装填完毕后，按每立方米发酵基质喷淋粪污量不超过 30 L·d⁻¹ 测算，将暂贮在喷淋池中的粪污通过喷淋机一次或多次均匀地喷淋到发酵池（槽）表面，多个发酵池（槽）的可轮换错开喷淋时间；粪污与发酵基质混合后的水分含量以 45%~50% 为宜。

⑥翻抛及其频率。粪污喷淋后 8~10 h，完全渗入基质内部后，方可开动翻抛机进行翻抛；要求每天翻抛 1 次。

⑦发酵温度及其周期。粪污喷淋后经 24 h 的发酵，发酵池（槽）表面以下 35 cm 处的温度应上升至 45℃ 左右，48 h 应升至 60℃ 以上，在此温度下保持 24 h，再行下一次粪污喷淋。发酵周期约为 3 d。

⑧及时补充发酵基质。当发酵池（槽）内发酵基质的高度沉降 15~20 cm 时（减少量约 10%），应及时补充发酵基质，以维持池内发酵基质的总量。

⑨腐熟基质利用。发酵基质原料一般可连续使用 12 个月，秸秆可使用 2 个月；腐熟后的固态粪污混合物可就地加工成有机肥或对外销售。

减排效果：猪日排泄量受猪只体重、饲喂量、气温等影响因素，无法精确统计，故按每头每天 5 kg 计算，每天冲栏水量或饮水器浪费每头按 5 kg 计算，每天每头则排污量为 10 kg 废弃物。通过异位发酵技术可以实现养殖固体和液体废弃物的全部收集处理。

7.7.2.2 生猪养殖污染沼气工程控制技术

技术概况：技术核心是以沼气为纽带的能源生态模式。首先，首端减量，减少冲洗水，采用干清粪，实行雨污分离。其次，过程得到有效控制，按照粪污资源量建设相应池容的大中型沼气工程，再按照养殖种类选择进料方式，适当设计水力滞留时间，后处理关键是建设能静置7~10 d的沼液贮存池。最后，末端利用，沼液施肥是关键。新鲜沼液含酸性，不能直接浇地，必须经过氧化，这就需要静置。静置后的沼液由于COD_{cr}比较高，还是不能直接浇地，得按照基肥或者追肥不同的肥效，用水稀释沼液，达到一定COD_{cr}要求后，才可以作为肥料。

适用范围与条件：

①存栏量3 000头以上规模化猪场，具备漏缝地板排污系统、自动刮粪或机械清粪设备。

②适用大中型规模生猪养殖场或养殖密集区，具备沼气发电上网或生物天然气进入管网条件。

③有建设沼气工程设施的农业设施建设用地和与之匹配的种植土地。按猪当量计算，万头猪场消纳年产生粪肥所需农田面积至少2 000亩。

技术规程：

①清粪工艺。采用往复式刮板清粪机由带刮粪板的滑架、传动装置、张紧机构和钢丝绳等构成。粪沟在漏缝地板下方，猪尿通过粪沟下方的排尿管流入整个猪场的排污管道中，猪粪经过刮粪板收集到猪舍两端的集粪池内。目前巢湖流域规模化猪场普遍使用往复式刮板清粪机。

②发酵产沼利用技术。采用全混式厌氧反应器（CSTR）厌氧消化工艺，建立大型沼气工程。年产沼气18.25万m^3，除供职工炊事、洗浴使用外，大部分用于发电，年发电26.28万kWh。产生的沼液再进入600 m^3地下厌氧池二级发酵。一部分沼液用于养殖蚯蚓，一部分流入生物氧化塘经分解后养鱼和回流冲洗猪舍，达到消毒杀菌作用，大部分泵入液态肥库贮存种植有机水稻。该工艺适用于存栏超过3 000头以上生猪的规模化养殖场，但周边区域必须配备足够的农田，能够完全消纳和利用厌氧消化后的沼渣、沼液。

③沼气发电。以科鑫猪场为例，建发酵罐500 m^3大型沼气工

程一座，年产沼气可达 18.25 万 m³，大部分沼气用于发电，年发电 26.28 万 kWh，剩余沼气供职工炊事、洗浴使用外。

④沼渣利用。将养殖场每天产生的大量猪粪经槽式发酵，采用自走式翻堆机翻抛，使中心温度达到 65℃以上，发酵 30 d 后，使猪粪味道变成醇香味，消灭病原微生物和寄生虫卵，不生蛆蝇；发酵后的猪粪成为高效活性的蚯蚓饲料和有机肥料，用于吴山镇的农业食品开发，并销往黄山多维生物科技有限公司进行有机茶生产。

⑤沼液利用。通过在田间地头铺设了 3 000 m 长，10 大气压 100 mm 口径的主管网，4 000 m 的支管和微管网，安装了几百个快阀，实现了肥水一体化，定期定量供应肥水，形成"猪—沼—粮"循环产业链。达到了液态肥库储存，高压水泵提升，密闭官网输送，阀供肥供水，按需配方施肥，节水节肥节药，节本高产高效，环保有机生态。引进了"南梗 9108"新型优质稻品种，注册"安科鑫"牌有机大米，已获得有机认证，销往广州、上海等地。

减排效果：沼气减排是计算 COD_{cr} 减排量，巢湖流域目前有沼气池容量 4.7 万 m³，按照水力停留时间 20 d 计算，每天处理高浓度 COD_{cr} 约 2 350 t，全年减排 86 万 t。采用 CSTR 工艺的沼气工程每年服务周边农地近 5 万亩农田，以每亩地 50 kg 化肥计算，减少化肥 250 万 kg，有效地减少了面源污染。

7.7.2.3 奶牛养殖污染异位发酵床控制技术

技术概况：异位发酵处理奶牛场粪污是一项集粪污减量化、无害化和资源化为一体的综合技术。采用该技术可以克服发酵床（舍内）养奶牛存在一些不足。具有占地面积小、投资较少、运行成本低和无臭味等优点；奶牛场无须设置排污口，可实现粪污零排放；粪污经发酵处理后可全部转化为固态有机肥原料，实现变废为宝。异位发酵床污染处理系统是利用好氧发酵原理，将奶牛的粪污集中收集后，传输到专门的发酵车间内，通过自动喷污装置将粪污喷洒于发酵槽垫料中，并通过自动翻抛机进行翻动。生物菌群通过对粪污进行好氧发酵，水分被蒸发，粪污得到降解，从而完全降解粪污水。发酵床的主要成分是稻壳和锯末，其营养含量低，粪污水成为发酵床微生物代谢的主要营养来源。

适用范围与条件：年存栏超过 500 头的规模奶牛场。

技术规程：

①配套减量化设施设备。全场铺设雨污分流管道、控制奶牛场冲洗次数和用水量，每头奶牛每天不超过 50 kg；安装水位计饮水器或碗式饮水器，确实做到从源头上最大限度地减少粪污产生量。

②配齐专用设施设备。设施包括集污池、喷淋池、异位发酵池（槽）及其阳光棚等；设备包括污水（泥浆）切割泵、搅拌机、自动喷机、槽式翻抛机和变轨移位机等。

③异位发酵池（槽）容量。在粪污处理区内建造异位发酵池（槽），其容量按每立方米发酵基质每日可发酵处理粪污 30 kg 或每吨粪污需要发酵基质 33 m³的参数测算。发酵池（槽）的宽、高分别为 4 m、1.8 m，长度和发酵池（槽）的个数依养奶牛规模而定。

④发酵原料要求。发酵原料包括发酵基质和发酵菌。发酵基质可选用谷壳、木屑、椰糠、秸秆、蘑菇渣、花生壳粉等，如以谷壳、木屑为原料，两者的重量比为 4∶6；发酵基质每年补充量约为 1/3。发酵菌应选用耐高温的专用菌种，首次添加时每 3 m³发酵基质添加 1 kg 菌液，均匀地撒到发酵基质表面。

⑤粪污喷淋要求。发酵基质一次性装填到发酵池（槽）内，装填高度 1.5~1.6 m，装填完毕后，按每立方米发酵基质喷淋粪污量不超过 30 L·d⁻¹测算，将暂贮在喷淋池中的粪污通过喷淋机一次或多次均匀地喷淋到发酵池（槽）表面，多个发酵池（槽）的可轮换错开喷淋时间；粪污与发酵基质混合后的水分含量以 45%~50% 为宜。

⑥翻抛及其频率。粪污喷淋后 8~10 h，完全渗入基质内部后，方可开动翻抛机进行翻抛；要求每天翻抛 1 次。

⑦发酵温度及其周期。粪污喷淋后经 24 h 的发酵，发酵池

（槽）表面以下 35 cm 处的温度应上升至 45℃左右，48 d 后应升至 60℃以上，在此温度下保持 24 h 后，再行下一次粪污喷淋。发酵周期约为 3 d。

⑧及时补充发酵基质。当发酵池（槽）内发酵基质的高度沉降 15~20 cm 时（减少量约 10%），应及时补充发酵基质，以维持池内发酵基质的总量。

⑨腐熟基质利用。发酵基质原料一般可连续使用 12 个月，秸秆可使用 2 个月；腐熟后的固态粪污混合物可就地加工成有机肥或对外销售。

减排效果： 奶牛的日排泄量受奶牛只体重、饲喂量、气温等影响因素，无法精确统计，故按每头每天 50 kg 计算，每天冲栏水量或饮水器浪费每头按 50 kg 计算（如有超出部分，必须改变冲栏习惯），每天每头则排污量为 100 kg 废弃物。通过异位发酵技术可以实现养殖固体和液体废弃物的全部收集处理。

7.7.2.4　养殖污染沼气工程控制技术

技术概况： 该区域沼气工程主要模式是能源生态型。采用先进的全混式厌氧消化（CSTR）厌氧消化工艺及附属设备处理污水，并构建了大型沼气发电系统和沼液综合利用设施。养殖场内的粪污、污水全部送入厌氧发酵系统，经过发酵形成沼气、沼液和沼渣。沼气用于牧场发电和锅炉供暖、可供奶厅清洗及生活区用电使用；沼渣用于回垫奶牛卧床，沼液作为液态有机肥用于公司周边农田及牧草基地施肥，可完全用于牧场周边地区配套建设的 1 万亩牧草种植基地消纳利用。

适用范围与条件：

①存栏量 1 000 头以上规模化奶牛场，配备自动刮粪或机械清粪设备。

②适用规模化奶牛养殖场或养殖密集区，具备沼气发电上网或生物天然气进入管网条件。

③奶牛养殖场周边能够配套足够的农田消纳粪肥。以千头奶牛场为例，消纳年产生粪肥所需农田面积至少 2 000亩。

技术规程：

①科学饲喂技术。采用培育优良品种、科学饲养、科学配料、应用无公害的绿色添加剂和高新技术改变饲料品质及物理形态等措施，提高奶牛饲料转化率和产奶性能，降低粪尿氮含量及恶臭气体的排放。科学合理配比奶牛饲料，通过添加合成氨基酸提高饲料蛋白质含量和调节氨基酸比例，提高饲料蛋白质和其他营养成分的吸收和转化效率，减少粪便的产生量和粪尿氮排放。在饲料中添加微生物制剂、酶制剂和植物提取液等活性物质，提高饲料吸收和转化效率，可减少粪尿氮排放量，降低氨气等恶臭气体的排放。

②清粪技术。采用往复式刮板清粪机进行干清粪，清粪机由带刮粪板的滑架、传动装置、张紧机构和钢丝绳等构成，适用于暗沟排污的奶牛舍。粪尿通过刮粪板收集至排污暗道，最终汇入奶牛场的集粪池内。目前巢湖流域规模化奶牛场大都采用了该类型的自动清粪设备。

③发酵产沼利用技术。建立大型沼气工程，采用全混式厌氧反应器（CSTR）厌氧消化工艺。以马鞍山现代牧场为例，日处理粪污量 500 t，日产沼气 11 000 m^3，除供职工炊事、洗浴使用外，大部分用于发电和供气。产生的沼液再进入地下厌氧池进行二级发酵。发酵后的出水大部分泵入液态肥库贮存种植有机水稻，少量沼液用于养殖蚯蚓，或流入生物氧化塘经分解后回流冲洗猪舍及注入鱼塘。该工艺适用于存栏超过 1 000 头以上的规模化奶牛养殖场，但周边区域必须配备足够的农田，能够完全消纳和利用厌氧消化后的沼渣、沼液。

④沼气利用。通常采用常压湿式储气柜或双膜储气柜储存所产生的沼气。刚产出的沼气需要进行脱水、脱硫等净化处理。脱水采用重力法，脱硫采用干式化学脱硫、生物脱硫或其组合脱硫。沼气

可作为发动机的燃料用于发电，沼气发电一般采用沼气专用发电机组。为了保证厌氧消化冬季处理与产沼气效果，选用的发电机组必须是热电联产机组，保证发电余热充分回收，确保厌氧消化罐冬季的消化温度。

　　⑤沼渣利用。沼渣与固体粪便混合，经过好氧堆肥无害化处理之后的腐熟堆肥为原料，再经过干燥、粉碎、筛分和计量装袋后成为商品有机肥用于市场销售；或通过添加无机肥料调节养分，制成有机-无机复混肥后进行销售。

　　⑥沼液利用。少量沼液用于养殖蚯蚓，或流入生物氧化塘经分解后回流冲洗猪舍及注入鱼塘。大量沼液再进入地下厌氧池进行二级发酵，发酵后的出水泵入液态肥库贮存，进行水肥一体化施用有机水稻田。

　　减排效果：固体污染物包括沼渣与固液分离后固体粪便，通过进行好氧堆肥处理后制成有机肥料，施入周边农田消纳或包装成袋出售。液体污染物以沼液为主，经过该工艺的处理，COD_{cr}、$BOD5$、NH_3-N、TP 可以减排 99% 以上，TN 减排率可以达 95% 以上。沼气净化后用于燃烧发电或供气。通过上述处理和利用途径，固液废弃物完全进入种养循环链，不存在面源污染问题，减排效果良好。

7.8　巢湖治理面临的机遇与挑战

　　巢湖流域农业面源污染防控迎来重大机遇。一是贯彻国家生态文明战略的重要内容。巢湖是全国重点防治的"三河三湖"之一，巢湖流域作为江淮地区重要的生态屏障，也是长江下游水生态安全的重要组成部分。2014 年 7 月，巢湖流域获批首批国家级生态文明先行示范区，巢湖综合治理上升为国家生态文明战略；2014 年 9 月，国务院出台《关于依托黄金水道推动长江经济带发展的指导意见》，强调推进巢湖全流域湿地生态保护与修复工程；2015 年 4 月，国务院出台《水污染防治行动计划》（简称"水十条"），提出到 2020 年，巢湖富营养化问题有所好转；2016 年 1 月 5 日，习近平总书记在重庆召开的推动长江经济带发展座谈会上强调，要把修复长江生态环境摆在压倒性位置；2016 年 5 月 11 日国务院常务会议通过《长江三角洲城市群发展规划》，提出到 2030 年，以生态保护提供发展新支撑，全面建成具有全球影响力的世界级城市群，合肥作为全国唯一环抱五大淡水湖之一的省会城市，也被纳入长江三角洲城市群发展规划中。因此，加强巢湖流域的生态修复十分重要。

二是实施国家引江济淮工程的现实需要。引江济淮工程是《全国水资源综合规划（2010—2030）》明确提出的重点建设项目，是国务院批准的一项承担多目标开发任务的大型跨流域调水工程。该工程将彻底改变淮河中游水资源长期短缺局面，形成我国第二条南北水运大动脉，润泽皖豫、造福淮河、惠及长江。目前，工程即将全面开工建设，合肥是引江济淮工程主战场，为确保一江清水北上，对巢湖治理提出了新要求。

三是推进安徽"生态强省"战略的关键举措。安徽省委、省政府高度重视"生态强省"建设，省第九次党代会提出，努力打造加速崛起的经济强省、充满活力的文化强省和宜居宜业的生态强省，加快建设美好安徽。巢湖综合治理与生态保护修复作为安徽"生态强省"的重要支点，在全省生态建设中有着举足轻重的地位、起着不可替代的作用。

四是合肥打造"大湖名城、创新高地"的顶层设计。"大湖名城、创新高地"是合肥城市品牌的高度凝练和城市形象的集中概况，"大湖"的内涵不是大，而是美。"湖污则城黯，湖清则城美"，合肥市委、市政府提出把巢湖综合治理作为打造"大湖名城、创新高地"的顶层设计，就是旨在通过治理巢湖，在"美"上丰富"湖"的内涵，努力把巢湖打造成中华大地上的一颗璀璨明珠。

同时，巢湖流域农业内外源污染相互叠加等带来的一系列问题日益凸显，农业面源污染防控面临严峻挑战。从农业外源来看，随着巢湖流域经济社会发展和人口逐步增加，工业和生活污染物排放量将逐步加大，巢湖流域外源性污染进一步加剧；化肥、农药利用率仅为35%，废弃农膜、包装物回收率仅为68%，畜禽粪污有效处理率不到60%，少数地区秸秆焚烧现象仍有发生，巢湖水体富营养化比较突出。在高磷本底背景下，给巢湖流域农业面源污染防治造成更大压力。

7.9　对策建议

7.9.1　明确政府主体责任，加强管理保障

各级人民政府要提高认识，将农业面源污染防治纳入巢湖流域水污染防治工作的总体安排。市政府成立全市推进巢湖流域农业面源污染防治工作领导小组，分管副市长任组长，联系三农工作副秘书长、市农委主要负责人任副组长，省巢湖管理局、市发改委等相关局委分管负责人为成员；领导小组办公室设在市农委，市农委分管负责人兼任办公室主任，加强对巢湖流域农业面源污染防治工作的协调、调度和指导。各市直单位要按照职责分工，各司其职，密切配合，加强协作，形成巢湖流域农业面源污染防治工作合力。各责任单位要会同财政部门制定和完善巢湖流域农业面源污染防治各项扶持政策。各县（市）区人民政府、开发区管委会是巢湖流域农业面源污染防治工作的责任主体，要高度重视，压实责任，加大投入，强化宣传，创新举措，综合施策，确保巢湖流域农业面源污染防治工作取得实效。

7.9.2　注重科技研发，推进技术推广

以巢湖"十一五""十二五"水专项及全国面源污染研究成果为基础，进一步凝练、研发农业面源污染治理、管理等先进技

术。联合高校等科研单位，结合国家级巢湖生态文明先进示范区、巢湖流域农业面源污染综合防治示范区，开展农业环境技术应用推广等社会化服务，提高农业环境科技的覆盖面和到位率。进一步开展巢湖流域农业面源污染综合治理示范工程建设，优化、集成、示范、推广一批高效生态环境防控和治理技术。总结推广符合实际、简单易行、高效适用的治理技术和治理模式。按照有机农业标准，开展农业循环研究，实现巢湖流域面源污染的全过程防控与全空间覆盖、面源污染趋于零排放及改善巢湖流域水体环境质量的目标。

7.9.3　拓宽资金渠道，加大资金投入

统筹各类涉水资金，加大"以奖促治"资金支持力度，对污染负荷减排力度大、水质提升的予以奖励，奖励资金统筹用于小流域面源污染治理。各区县要加大对小流域治理及社区环境保护投入，将小流域水环境保护资金列入年度财政预算，加强资金保障；建立多元投入机制，加强政策扶持和激励，鼓励社会资本通过各种方式积极参与小流域面源污染治理。各区县处可探索建立生态环境公益基金，鼓励社会各界捐赠，动员各类社会组织积极参与小流域治理公益项目。有效防治农业面源污染。

7.9.4　推行"最佳管理措施+负面清单"制

最佳管理实践重点强调源头预防和过程控制，主要包括农业生产及污染防控的工程型措施、技术管理措施以及经济保障措施。应加强最佳管理措施在巢湖流域的运用及效应评估研究，探索适宜巢湖流域实地情形的面源污染防控计划，以有效解决流域农业面源污染问题。开展巢湖流域农业资源承载力预警分析，对严重超载区域进行预警提示，纳入负面清单。针对优先控制区，建立农业产业准入负面清单制度，依据资源和环境红线制定限制和禁止发展产业目录。

第八章　存在的问题与建议

8.1　存在的问题

农业面源污染问题受到施肥、管理、地形、气候、土壤等众多因素的影响，农业面源污染防治技术在整装的过程中要充分考虑到不同地区的特点，设计相应的技术整装模式。本研究旨在提出农业面源污染防控技术整装的总体思路和具体方法，综合考虑了种植业、养殖业、农村生活污染三大污染源，通过技术间的合理组合以期达到最佳的整装效果。主要存在如下问题。

一是种养循环问题。种养循环是农业清洁流域建设的核心，在营造清洁环境的同时要不断提高养分循环利用水平，以减少污染物向域外转移，从而实现更高水平的清洁环境目标。限于资金和时间问题，本书未能就种养结合这一关键环节开展深入研究。有机肥的生产和田间施用是困扰农业清洁流域建设的瓶颈，如何减少有机肥生产和施用环节的成本将是今后需要重点解决的问题。

二是北方面源污染防控体系。在南方水网地区，有研究者提出涵盖源头减量、过程阻断、养分再利用、生态修复这一全链条的"4R"技术体系。而对于北方地区，降水相对较少，灌溉是农田主要的水分来源，当灌溉和降水重叠时极易引起严重的面源污染。因此，需要针对特定生育期和面源污染易发敏感地点采取应对措施，这就与南方地区推广的"4R"体系存在一定的差异，而本书尚未就此提出相应的面源污染防控体系。

三是技术间的整装集成。农业清洁流域是建立在以种养循环技术为核心的一套从源头到入河全链条的整装技术体系基础上的，本项目的示范工程即采取这一思路以建设农业清洁小流域。但是在综合评价整装技术体系效果方面存在欠缺，这既需要考虑各单项技术自身效果，也要考虑技术间的整体协同效应，需要结合有关理论开展深入研究。

8.2　建议

一是开展小流域种养循环研究。大力推动有机肥还田，着重从技术需求和成本两方面开展对有机肥的原料收集、运输和田间施用等环节的调研。针对调研中发现的问题，要向有关部门提出政策建议，进行关键技术的开发，有效减轻有机肥推广过程中的阻力。结合耕地面积和作物养分需求，对流域畜禽承载力进行计算，以确定合理的养殖规模。

二是构建适宜北方地区的面源污染防控体系。结合降水发生规律和特点，建设田间蓄水设施，收集降水径流，通过回灌田间肥水实现养分的循环利用。对于砂质土壤地区要采取节水灌溉措施减少养分渗漏损失，对于黏性土壤地区要重点防控养分径流损失，对于质地居中的壤土地区要合理施肥和提高养分利用率。加强养分的入河量研究，为科学制定农田管理措施提供数据支撑。

三是结合乡村振兴战略加大农业技术人才引进力度，培养一批熟悉农业经营管理的人才。在政策层面加大对农业清洁小流域建设的扶持力度，增加对乡村环保基础设施的投入，提高农业组织化程度和规模经营水平，推动农业与二、三产业间的融合。对清洁生产措施开展生态补偿，要优化技术参数以降低成本，减少技术推广的阻力。加大宣传力度，增强农民环境保护意识，促进环保农业措施的推广。

参考文献

海热提，王文兴，2004. 生态环境评价，规划与管理 [M]. 北京：中国环境科学出版社.

贾鎏，汪永涛，2010. 丹江口库区胡家山生态清洁小流域治理的探索和实践 [J]. 中国水土保持 (1)：4-5.

焦雯珺，闵庆文，成升魁，等，2011. 污染足迹及其在区域水污染压力评估中的应用：以太湖流域上游湖州市为例 [J]. 生态学报，31 (19)：5599-5606.

李梁，曹欣然，庞燕，等，2019. 洱海流域农村生活污水治理技术评价 [J]. 环境工程技术学报，9 (4)：349-354.

李晓连，2016. 基于水环境容量的辽河铁岭段污染负荷总量分配 [D]. 沈阳：沈阳理工大学.

李艳苓，朱昌雄，李红娜，等，2019. 基于层次分析法的农业面源污染防治技术评价 [J]. 环境工程技术学报，9 (4)：355-361.

李阳，2012. 伊通河流域农业面源污染负荷估算及其防治对策研究 [D]. 长春：东北师范大学.

李智广，李锐，杨勤科，等，1998. 小流域治理综合效益评价指标体系研究 [J]. 水土保持通报，18 (7)：71-75.

廖瑞钊，邓桂如，刘艳，等，2019. 推进生态清洁小流域建设助力乡村振兴战略实施 [J]. 中国水土保持 (7)：8-10，33.

林积泉，王伯铎，马俊杰，等，2005. 小流域治理环境质量综合评价指标体系研究 [J]. 水土保持研究，12 (1)：

69-71.

柳林夏，2016. 新常态下生态清洁小流域建设与思考 [J]. 中国水土保持 (3): 28-31.

马丰丰，田育新，罗佳，等，2010. 生态清洁小流域评价指标体系的构建 [J]. 湖南林业科技, 37 (3): 82-84.

马乐宽，谢阳村，文宇立，等，2020. 重点流域水生态环境保护"十四五"规划编制思路与重点 [J]. 中国环境管理, 12 (4): 40-44.

马梦超，2015. 北京市山区小流域生态环境质量评价 [D]. 北京：北京林业大学.

马文鹏，武晓峰，段淑怀，等，2014. 北京山区小流域生态清洁程度分级研究 [J]. 中国水土保持 (4): 27-31, 69.

彭兆弟，李胜生，刘庄，等，2016. 太湖流域跨界区农业面源污染特征 [J]. 生态与农村环境学报, 32 (3): 458-465.

齐实，李月，2017. 小流域综合治理的国内外进展综述与思考 [J]. 北京林业大学学报, 39 (8): 1-8.

祁生林，韩富贵，杨军，等，2010. 北京市生态清洁小流域建设理论与技术措施研究 [J]. 中国水土保持 (3): 18-20.

汤超，2021. 西北干旱地区基于低碳理念下的农业面源污染防治技术研究 [J]. 低碳世界, 11 (6): 62-63.

王方浩，马文奇，窦争霞，等，2006. 中国畜禽粪便产生量估算及环境效应 [J]. 中国环境科学, 26 (5): 614-617.

王海峰，2019. 基于层次分析法的清洁型小流域评价指标体系研究 [J]. 地下水, 44 (4): 182-184.

王礼先，2006. 小流域综合治理的概念与原则 [J]. 中国水土保持 (2): 16-17.

武淑霞，刘宏斌，刘申，等，2018. 农业面源污染现状及防控技术 [J]. 中国工程科学, 20 (5): 23-30.

肖青亮，郑诗樟，牛德奎，2007. 施肥对蔬菜累积硝酸盐影响

的研究进展 [J]. 安徽农业科学（6）：1732-1734，1791.

谢磊，武晓峰，段淑怀，2012. 北京市山区小流域生态清洁程度评价指标体系研究 [J]. 中国水土保持（10）：1-2, 35.

闫丽安，2014. 辽宁省凡河生态小流域建设指标体系研究 [D]. 沈阳：辽宁大学.

杨林章，施卫明，薛利红，等，2013. 农村面源污染治理的"4R"理论与工程实践：总体思路与"4R"治理技术 [J]. 农业环境科学学报，32（1）：1-8.

杨林章，吴永红，2018. 农业面源污染防控与水环境保护 [J]. 中国科学院院刊，33（2）：168-176.

展晓莹，张爱平，张晴雯，2020. 农业绿色高质量发展期面源污染治理的思考与实践 [J]. 农业工程学报，36（20）：1-7.

张磊，郑委，2017. 生态清洁小流域主要评价指标研究 [J]. 中国水土保持（12）：23-26.

张利超，谢颂华，2018. 基于功能的江西省生态清洁小流域分类研究 [J]. 中国水土保持（1）：7-10.

张维理，冀宏杰，徐爱国，2004. 中国农业面源污染形势估计及控制对策 Ⅱ. 欧美国家农业面源污染状况及控制 [J]. 中国农业科学，37（7）：1018-1025.

张文芳，2018. 新常态下生态清洁小流域建设与思考 [J]. 水利规划与设计（8）：3-5.

赵凤霞，王正平，宋学立，等，2014. 我国与欧盟主要农产品的重金属限量标准比较 [J]. 贵州农业科学，42（3）：161-166.

郑翠玲，2007. 门头沟区生态清洁小流域建设的探索与实践 [J]. 中国水土保持（9）：34-36.

郑晓岚，宋娇，程华，等，2021. 基于中文文献计量分析的生态清洁小流域研究现状及趋势 [J]. 江苏农业学报，37

（3）：676-685.

朱建春，张增强，樊志民，等，2014. 中国畜禽粪便的能源潜力与氮磷耕地负荷及总量控制 [J]. 农业环境科学学报，33（3）：435-445.

朱兆良，孙波，2008. 中国农业面源污染控制对策研究 [J]. 环境保护（8）：4-6.